知識管理領航・價值創新推手

CPC Creates Knowledge and Value for you.

知識管理領航・價值創新推手

AI
THE AI-SAVVY LEADER
領御

Nine Ways to Take Back Control and Make AI Work

掌握 9 大領導心法

大衛‧德克雷默（David De Cremer）——著　　　陳雅莉——譯

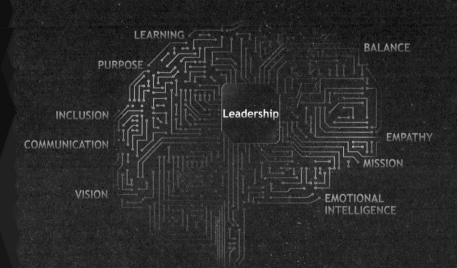

中國生產力中心
China Productivity Center

出版緣起

　　當今，企業管理的論述與實踐案例非常之多，想在管理叢林中找到一套放諸四海皆準的標竿，並不容易。因為不同國家有不同的習慣，不同的公司有不同的文化，再加上全球環境的變遷，甚至大自然生態的改變，都使我們原本認定的管理工具或模式出現捉襟見肘的窘迫。

　　尤其，我們正處身在以「改變」為常態的世界裡，企業組織要如何持續保有競爭優勢，穩居領先的地位呢？知識，應是重要的關鍵。知識決定競爭力，競爭力決定一個產業甚至一個國家經濟的興盛。管理大師艾倫・衛伯（Alan M. Webber）就曾經說過：「新經濟版圖不在科技裡，亦非在晶片，或是全球電信網路，而是在人的思想領域裡。」由此可見，二十一世紀是一個以知識為版圖、學習的新世紀。

　　在這個知識經濟時代裡，「知識」和「創新」是企業的致勝之道，而這兩者都與學習息息相關。學習，能夠開啟新觀念、新思維，學習能夠提升視野和專業能力，學習更可以帶領我們開創新局。特別是在急遽變動的今天，企業的唯一競爭優勢，將是擁有比競爭對手更快的學習能力。

中國生產力中心向來以致力成為「經營管理的人才庫」以及「企業最具信賴價值的經營管理顧問機構」為職志。自 1955 年成立以來，不僅培植無數優秀的輔導顧問，深入各家廠商，親自以專業來引領企業成長。同時，也推出豐富的出版品，以組織領導、策略思維、經營管理、市場行銷，以及心靈成長等各個層面，來厚植企業組織及個人的成長實力。

中國生產力中心的叢書出版，一方面精選國際知名著作、最新管理議題，汲取先進國家的智慧作為他山之石；另一方面，我們也邀請國內知名作者，以其學理及實務經驗，挹注成為國內企業因應產業環境變化最大的後盾，也成為個人學習成長的莫大助力。

值得一提的是，臺灣的眾多企業，歷經各種挑戰，始終能夠突破變局努力不懈，就像是堆起當年成為全球經濟奇蹟的一塊塊磚頭。我們也把重心放在講述與發揚他們活用環境，勇闖天下的故事，替他們留下紀錄，為經濟發展作見證。

我們相信，透過閱讀來吸收新知，可以啟動知識能量，激發個人無窮的創意與活力，充實專業技能。如此，不論是個人或是組織，在面對新的環境、新的挑戰時，自然能以堅定的信心來跨越，進而提升競爭力，創造出最大的效益。

　　中國生產力中心也就是以上述的觀點作為編輯、出版經營管理叢書的理念，冀望藉此協助各位在學習過程中有所助益。

　　　　　中國生產力中心總經理　

各界好評

「大衛・德克雷默識破了圍繞 AI 的宣傳炒作，並明確指出導致 AI 失敗背後的關鍵因素。對於想要在 AI 經濟中茁壯成長的企業領導人來說，這是一本必備讀物。他告訴我們，我們比以往任何時候都更需要領導力！」

——威訊通訊（Verizon）前數位長（Chief Digital Officer）與人工智慧長、紐約聯邦準備銀行前數據長（Chief Data Officer），琳達・艾佛瑞（Linda Avery）

「這是一本精湛的指南，為企業領導人提供寶貴的見解，讓他們可以尋求深思熟慮的方法來發揮 AI 的潛力，並縮短人與技術之間的差距。」

——歐洲工商管理學院（INSEAD）院長、倫敦帝國學院商學院前院長，法蘭西斯科・費洛索（Francisco Veloso）

「這本書也許是領導人為確保企業導入 AI 的努力不會失敗所做的最佳投資。現今，許多書籍大多在解釋問題，而缺乏解決方案。這本書是罕見的例外。」

——風險投資和私募股權基金 Oak HC/FT 普通合夥人，南希・布朗（Nancy Brown）

「如何確保領導人能夠主導 AI 導入成功？本書針對這個問題提供明確的答案，並具體說明領導人需要做什麼。讀完這本書之後，你將成為一位精通 AI 的領導人！」

——江森自控亞太區總裁，朗智文（Anu Rathninde）

「這本書將 AI 的討論帶到更深入、更人性化、更可行的層面。對於過往以技術為主導的敘述而言，這是一個極佳的平衡。」

——倫敦商學院管理實務教授、《重新設計工作》（*Redesigning Work*）作者，琳達‧葛雷頓（Lynda Gratton）

「對於所有尋求確保 AI 導入成效的領導人來說，這本書是傑出而重要的資源，在理論觀點與現實世界的前瞻性思維之間取得理想的平衡。」

—— NELCO Worldwide 總裁兼執行長，瑞克‧勒布朗（Rick LeBlanc）

「德克雷默提煉出重要的見解，成功結合高瞻遠矚與實際可行的建議。這本書不僅深入探討 AI 的導入過程，更是對數位時代領導力的嚴格檢驗。」

——華頓商學院「薩巴斯坦・克里斯奇」（Sebastian S. Kresge）行銷學講座教授、華頓商學院人工智慧共同主任，史帝法諾・潘托尼（Stefano Puntoni）

「這是一本必讀好書，幫助領導人做好準備，迎接 AI 時代的挑戰，並促進以人為本且具包容性的 AI 導入方法。」

——博世（Bosch）全球服務部業務數位化辦公室負責人，艾爾頓・馬拉尼奧（Airton Maranho）

「如果你是一位企業領導人，關心如何將 AI 採用策略轉變為商業價值創造者，那麼一定要閱讀這本書。在 AI 時代，這本書對你的領導力各方面都是不可或缺的，而且可以讓你徹底改觀！」

——新加坡管理大學李光前商學院院長，伯特・德雷克（Bert De Reyck）

「《AI 領御：掌握 9 大領導心法》（*The AI-Savvy Leader*）是一本深思熟慮、清晰明確的指南。對於想要了解如何在數位時代有效地採用和運用 AI 來領導的企業領導人而言，這本指南充滿了重要的提示。」

—— Era 創辦人兼執行長，賈斯伯‧劉（Jasper Lau）

專文推薦

AI 變革時代的領導力關鍵

iKala 共同創辦人暨執行長　**程世嘉**

　　從 2022 年生成式 AI 的應用開始爆發以來，AI 的技術日新月異，幾乎天天都有新的突破和進展，2024 年的物理和化學諾貝爾獎，更是破例頒發給本科以外的 AI 科學家，宣告人類文明正式邁入了一個全新階段。現在，每個組織和個人都無不著急地想要在工作和生活場域廣泛應用 AI。

　　不過，如果你想趕快搭上這一波科技變革的列車的話，重點卻不在於 AI 技術本身。

　　iKala 從 2015 年開始協助企業及組織導入 AI，迄今在全球累計超過 1,000 家客戶，在導入 AI 的過程當中，我們發現「技術是小事、領導變革才是大事」，企業或是組織要導入 AI，技術的評估和採用往往是次要議題，對於 AI 導入專案的成功也頂多扮演間接的角色。

真正的成敗關鍵，是在於組織內的領導力。

這聽起來似乎是陳腔濫調，不過，在累積了上千個案例之後，我們的確發現：AI 專案失敗的原因通常不是技術不夠好，而是領導力不到位。想要成功導入 AI，領導者需要搞懂 AI 能做什麼、不能做什麼，要給組織明確的目標，還要建立一個大家都能暢所欲言、互相包容的文化，這些都跟 AI 技術本身無關。

本書作者提出了 9 個領導者必須做到的關鍵行動：學習、訂定目的、促進包容、加強溝通、建立願景、找到平衡點、培養同理心、確立使命，還有運用 EQ。這些都是要讓 AI 在組織中發揮最大效益的必要條件。重點是要引導領導者用以人為本的方式來運用 AI，讓 AI 成為人類能力的助力，而不是以取代人類為目標。

結合本書作者提出的關鍵行動以及 iKala 協助千家企業導入 AI 的經驗，我這邊也總結出 5 大執行面向，相信領導者只要能夠從這個簡單的框架出發再深入，在導入 AI 的路途上就必定不會迷失，假以時日，必定成功：

1. **建立清楚的 AI 導入願景**：領導者要把策略目標講清楚、找出重要的應用場景、說明想達到什麼效果，最重要的是要讓所有相關人員都支持這個方向。這樣才能確保 AI 計畫跟公司的核心目標一致，避免永遠停在試驗階段。研究發現，在生成式 AI 表現出色的領導者，通常對於要怎麼在公司裡用 AI 都有很明確的想法。

2. **聚焦在企業核心業務**：領導者不能只把 AI 放在某些部門用，而是要把它整合到公司的核心營運中。要有個完整的策略，把核心業務和技術的導入緊密結合。那些在生成式 AI 上表現特別好的公司，都會在風險管理、法務規範、公司策略、財務、供應鏈和庫存管理等重要領域廣泛運用這項技術。

3. **投資人才和資源**：領導者要願意在 AI 專案上投入錢和人。這包括招募新人才、培訓現有員工、發展各個層級的 AI 技能，還要提供合適的工具和運算資源。成功的生成式 AI 領導者通常捨得在這項技術上投資，而且會特別成立專門的 AI 團隊。

4. **確保 AI 發展和使用都負責任**：領導者必須優先處理 AI 可能帶來的風險，像是結果不準確、侵權、資安問題和偏見等。要定下明確的原則說明如何負責任地使用 AI，同時建立完善的資料管理、模型測試和監督流程。在生成式 AI 表現出色的公司，比較會遵守風險管理的最佳做法，例如讓法務部門參與，並在開發初期就開始評估風險。

5. **推廣 AI 知識和鼓勵嘗試**：領導者要在公司內部建立大家都懂 AI 的文化。要教員工了解 AI 是什麼、能做什麼、有什麼限制，鼓勵大家動手試用 AI 工具。公司要訂定清楚的使用規範，同時注意保護公司和客戶的資料。比起充滿保密和懷疑的氛圍，營造一個開放和鼓勵嘗試的文化，成功機會更大。

在這個 AI 變革的時代，科技日新月異，但成功之道始終如一：以人為本、文化為重。當我們擁抱 AI 帶來的改變時，領導者需要以同理心和智慧為組織指引方向，讓科技成為增強人性、提升效能的助力，而非冰冷的替代品。唯有在堅實的領導力基礎上，AI 才能真正為組織和社會創造持久的價值。

我誠摯地推薦各位閱讀本書。

目錄

前言

領導力的下一個重大挑戰

　　這是一個真實的故事，我相信很多公司都曾上演過。一家全球知名製造公司的領導人了解到人工智慧（AI）的商業前景後，興奮不已。他們認為，隨著 AI 的應用，公司營運會變得更有效率，因為預測和決策將會更快、更準確、更具成本效益。他們設想，AI 將幫助企業識別和招募最優秀的人才，並為工作團隊提供有關利害關係人需求的最新數據和見解。過程中，AI 將以提高生產力和創新能力的方式提升績效。領導人投資軟體、資料儲存等基礎設施，以及技術人才、產品經理、服務經理等投入數百萬美元。他們的興奮程度不亞於樂觀態度，並認為迅速而重大的數位轉型將很快發生。

　　一年後，他們準備終止投資。該公司董事會成員對企業導入 AI 的投資失敗，表示強烈擔憂。他們不禁想知道，迄今為止是否已經創造任何價值，並且儘管投入鉅額資金，未來是否還會創造任何價值。經過與利害關係人和管理人員進行各種討論，並查看當年的數據後，他們不得不做出結論：公司無法擴大 AI 的使用規模。他們急於想知道哪裡出了問題，而我就是要幫助他們找出問題所在。令大多數董事會成員驚訝的是，最終不得不提出的問題是：在這個 AI 專案中，負責此業務的領導人在哪裡？

答案其實很簡單，但令人費解。領導人不再積極參與 AI 導入專案。他們似乎對導入 AI「這個新員工」感到不知所措。他們無法表達 AI 是什麼及為何 AI 有助於實現公司的目標。在涉及數據可用性和治理的決策時，領導人很少表達自己的意見或主導對話，而是聽從技術專家的意見。更重要的是，他們未能就如何應對 AI 對勞動力帶來顛覆性的影響，制定指導方針。

由於領導力不到位，成功的數位轉型專案所需的基本要素，即賦權和激勵員工、提供指導，以及營造讓員工從失敗中學習的工作文化，都未能實現。儘管員工都知道 AI 導入是公司的優先事項，但他們對此毫無興趣。原因顯而易見，領導階層沒有激發員工熱情，沒有將 AI 導入專案與企業策略連結，也沒有向員工說明 AI 工具將如何改變他們的工作，而是置身事外，一切聽從技術專家的意見。大多數領導人從未使用過這些工具，因而錯失向員工證明 AI 有意義的機會。此外，由於沒有傳達願景，員工對 AI 採用專案的最終目標感到不確定，而且可能最重要的原因是，他們無法預期 AI 對自己的工作會產生什麼影響。結果，員工對這些工具沒有任何歸屬感，反而竭力避免使用 AI 工具。僅僅過了一年左右的時間，這些鉅額投資開始變得像是一項巨大的浪費，組織看不到任何價值。

在各個層面上，該組織的領導人都未能做到 AI 時代成功領導人應該做的事情。他們缺乏正確的心態、正確的動機或成為榜樣的意願，以確保 AI 部署能夠成功。而且，也許最令人震驚的是，他們的企業領導人既沒有為這種變革做好準備，也沒有接受過相關培訓。人們錯誤地認為，了解這方面知識的技術人員可以發揮帶頭作用。

但是，如果領導人都不是 AI 專家，甚至沒有領導變革意識，又怎麼能從新工具中獲得價值呢？他們又如何知道該怎麼做呢？如果不知道，就無法採取行動。正因如此，羅斯與羅斯國際公司（Ross & Ross International）執行長兼共同創辦人巴瑞‧羅斯（Barry Ross）說得好：「**企業的數位轉型（digital transformation）不能委託他人，你和你的高階主管必須親自承擔這一責任！高階主管們需要參與、擁抱並採納與最新技術結合的新工作方式。**」❶

我為何寫這本書

　　身為一位專注於領導力和變革的專家，我想了解為何在另一種數位轉型中，領導階層會再次面臨失敗，就像以前在大數據和其他類似的努力一樣。於是，我開始閱讀、調查，並與世界各地不同組織的人員進行交流。

　　我的調查清楚知道兩件事。首先，AI 迥異於先前的數位轉型，有著本質上的差異。AI 技術的獨特之處及所帶來的影響，無論好壞，都比以往的數位轉型更加深遠。無論是對大範圍就業的威脅，還是生產力和效率的增長，甚至是能夠模仿人類成果而不需要人類參與，AI 都給人一種與眾不同的感覺。它正迅速來臨，你知道這一點。但與之前的技術相比，你可能對 AI 技術更加擔憂。

　　其次，有些事情不對勁。儘管包括我在內的專家們不斷宣揚 AI 的潛在好處，但 AI 導入的失敗率卻令人震驚。投資持續增加，人們不斷承諾如果成為一家 AI 驅動的公司，就會出現變革性的成果。與我交談和合作過的許多企業都在 AI 領域投入大量資金，卻未能獲得與投資相稱的價值。事實上，到 2023 年，數位轉型方面的投資預計高達 6.8 兆美元。但迄今為止，這些專案中有 87% 未能達到預期目標。❷

作為 AI 領域的顧問和教授，我參與並觀察過許多此類失敗的專案。為了研究資料是否與我所看到的相符，我在新加坡進行了一項調查。根據瑞士洛桑管理學院（IMD）發布的 2022 年世界數位競爭力調查評比（World Digital Competitiveness Ranking），新加坡的數位競爭力排名第四。❸ 當主管們被問及，是否認為自己的組織有效使用他們所採用的 AI 系統時，三分之二（68％）的人回答「否」。

雖然受訪者並未直接說明失敗的原因，但我從與他們的談話中得知，他們認為這一定是 AI 本身的問題，由於技術的缺陷導致應用推行失敗。他們認為事實很簡單，AI 仍和人類組織不相契合，在實驗室中運作的技術，無法轉換到真實世界。他們推測，也許當 AI 技術變得更好時，相關部署才會成功。

然而，這種解釋並不正確。我發現了另一個元兇：**在 AI 驅動的轉型中，領導人並沒有發揮主導作用。**

我要澄清，我並不是說領導人故意將自己置身事外，也不是說當部署失敗時，領導人要承擔所有責任。領導人並非故意不願意積極參與這項技術的應用，而是情況比這更加複雜。

在 AI 領域，確實存在一種緊張感。作為本書的讀者，你可能已經感受到了。一方面，**AI 的強大功能和指數級投資回報，告訴領導人要立即採取行動！**另一方面，大多數人對 AI

是什麼還缺乏深入的理解。這項工具在技術上非常複雜，如果不了解它，就很難知道如何「立即行動」。

在這種張力下，出現了一種「順從型」的領導模式。他們啟動專案，因為他們看到和聽到有關 AI 的一切，都讓他們產生一種緊迫感。但隨後他們將主導權交給技術專家，因為他們對這個被告知是未來的事物，知之甚少。

這種做法是錯誤的，而我寫這本書，就是要糾正這個錯誤。從與我合作過的公司、查閱過的資料以及與我交談過的領導人身上，我看到這個錯誤，並希望能扭轉。我想把領導人重新拉到 AI 的討論，並藉此提醒你，在部署 AI 時，你的領導力絕對至關重要，我希望能藉此幫助你和你的組織，有效避免失敗的 AI 採用專案。

AI 是理所當然的選擇嗎？

從象徵意義上講，採用 AI 對當今企業發展來說是理所當然的，原因有三。首先，AI 無疑是應對動盪、不確定、複雜和模糊世界的絕佳工具。從不斷增加的數據中學習並採取行動的能力至關重要，而**處理大量數據正是 AI 的強項**。

其次，AI 有助於提升組織的創新潛力，進而提高組織的競

爭力。使用 AI 的企業將促使員工更快速工作、更具資訊性，進而提高他們的工作效率。❹ 接著，生產力的提高，將為人們提供更多的時間和空間來發揮創造力、嘗試新想法，並推動創新。這種將 AI 用於增強工作的能力，將提高企業的競爭力，並帶來前所未有的經濟效益。據預測，AI 將為全球經濟增加約 16 兆美元的產值。❺

第三，採用 AI 的經濟條件變得更加有利。採用 AI 的成本從未像現在如此低（儘管正確使用 AI 的成本仍然很高）。為 AI 系統提供動力的底層機器學習和深度學習技術通常都是開源的，而用於儲存和處理資料的雲端服務也愈來愈普遍且價格親民。❻ 因此，再也沒有理由不加入搶奪這 16 兆美元大餅的瘋狂浪潮中。

然而現今，我們似乎正在經歷一個與現實不符的 AI 炒作，人們並不了解 AI 與人類智慧的關鍵區別。這種炒作讓人們對 AI 的能力過於樂觀，以至於許多人認為 AI 系統已經可與人類的智力相媲美。他們認為，AI 完美複製人腦只是時間問題。一旦那時候來到，昂貴且效率不高的員工就能被價格便宜且能自我學習的 AI 取代。

然而，這種想法過於樂觀、不切實際，甚至可能會帶來危險。腦科學專家認為，我們對人類大腦（擁有約 860 億個互動神經元）的了解，目前只是粗略且暫時的。[7] 基於不完整的大腦知識，我們還不能說，我們已經成功地將人類智慧與 AI 相匹配。充其量，我們只是凸顯 AI 狹義的運算，可以補充我們的人類智慧，但不能取而代之。我甚至建議，我們應該停止在智慧層面上如此明確地比較機器和人類，因為這就像把蘋果和橘子放在一起，無從比較。

不過，有些人認為這就是最終目標：讓 AI 愈來愈像大腦。身為領導人，你必須做出決定，將 AI 導入企業時，你會採取哪一種觀點？

◆ 觀點一：AI 是一種愈來愈廉價的工具，可以取代人力，讓生產力和效率達到新的水準。

◆ 觀點二：AI 是一個強大的工具，可以增強（但不是取代）人類智慧，並激發員工更多的創新和創造力。

如果你選擇第一種觀點，那麼你就會接受當今組織的主要焦點，就是利用 AI 充分發揮數據的價值，最終將決策和思考委託給這個工具。對一些人來說，這可能是一個具吸引力的選擇：AI 發揮主導作用並指引我們，而且它的成本更低。（當然，諷刺的是，久而久之，有這種想法的領導人正在將自己的領導權拱手讓給 AI，結果使自己變得多餘。）

　　如果你選擇第二種觀點，那麼你將超越簡單的成本效益分析，並接受科學證明的事實：AI 在完成我們期望人類員工所做的工作方面是有限的。採納這個觀點之後，投資於人力資源將成為優先考量，領導人必須積極主導 AI 採用專案，以補足這項核心策略。該策略的重點並非降低成本，而是需要對人力資源進行重大投資，採用以人為本的方式有效部署 AI。這也清楚說明，AI 的成功部署不僅只是擁有技術和聽從技術專家的意見。

　　如今，大多數的 AI 專案都遵循第一個觀點。企業主要看重財務效益，並希望全面優化效率和績效。令人不安的是，這種觀點加速了 AI「思考」方式與人類思考方式同等，甚至更有價值的想法，它將機器思考優先取代了人類的思考。這樣一來，人類員工就會被貶低為只受效率問題驅動的任務完成者。

　　我將這種現象稱為「科技驅動科技的轉型（tech-driving-tech transformations）」，毫無疑問，這種轉型正在發生中。人們重視 AI 的運算能力，超過了人類的理解力。他們讓 AI 主導一切。例如，2022 年丹麥最新的合成黨（Synthetic Party），該政黨的領導人是一個名為 Lars 的 AI 聊天機器人。潛在選民可以在 Discord（語音、視訊和文字聊天平台）上，直接與 Lars 交談。

合成黨希望 Lars 與世界各地的人們進行對話，並分析所有蒐集到的數據，為政治帶來嶄新的觀點。或者，看看開發多人線上遊戲的中國公司網龍網絡（NetDragon Websoft），該公司在元宇宙中營運，最近任命了一個名為唐鈺（Tang Yu）的機器人擔任執行長。新聞稿指出：「作為執行長，唐鈺將站在公司『組織和效率部門』的最前線……。此外，唐鈺預計將在人才發展和確保所有員工享有公平、高效率的職場中發揮關鍵作用。」❽

　　這些例子與商業界新興的信念不謀而合，即快速且精準地解讀數據的能力（而不是依賴快速、直覺驅動，但有偏見且「次優」的人類思維方式），應該成為領導人思考方式的標準。我不僅在拜訪深度參與導入 AI 專案的公司中，也在我的課堂上觀察到這種信念。當我為高層主管們講授高階領導力課程時，愈來愈多的學員來問我：「教授，在現今數位優先的環境下，我們為什麼還要學習人際互動技巧呢？恐怕這對我的領導生涯沒有幫助。我是不是應該學習成為程式設計師，思考方式更像一個 AI 專家？這種方法難道不會更有助於我實現領導抱負嗎？」這類問題反應出當代的領導力培訓，應該圍繞在獲得理解 AI 運作的能力。

我們比以往更需要領導力

　　儘管這樣的例子愈來愈多，但這種思維模式行不通，這也是我看到這麼多 AI 部署失敗的原因之一。人類領導力在當前比以往任何時候都更為重要。精通 AI 的領導人會採取第二種觀點，即 AI 這項技術可以成為人類員工的夥伴，並在組織中成功推動轉型。要做到這一點，你並不需要成為一名程式設計師，或是盲目地依賴非常精密複雜的計算機來找到最佳答案。你需要運用你已經掌握的所有核心領導技能：溝通、情緒商數、願景、使命，來應對這項新挑戰。

　　現在是企業領導人照照鏡子、拋開疑慮、拿出領導能力，迎接這項新挑戰的時候。別再懷疑，隨著 AI 來臨，你是否必須拋棄所有古老的格言，重新審視領導力？不需要！事實上，隨著 AI 成為企業營運的一部分，我們比以往任何時候都更需要領導人的人際互動和激勵。今天正確的迫切需求應該是：**經典的企業領導力是成功部署 AI 的先決條件，而不是障礙。**如果你能接受這一事實，那麼你的企業可能會避免成為眾多未能透過 AI 創造價值的組織之一。

　　很明顯的，第一步就是，在這些數位變革發生時，你應該對自己的技能和作為領導人的價值充滿信心，而不是讓 AI 替你思考，並將你的領導力委派給技術專家。這一步驟至關重要，因為作為一個組織，你不希望遇到美國行為學家史金納（B. F. Skinner）所指出的問題：「真正的問題不在於機器是否會思考，而在於人是否會思考。」[9] 科技驅動科技轉型的新興神話，可能會削弱管理者和員工的思考能力。在這種情況下，正如史金納所擔心的，員工和領導人將不再發展他們的分析和批判能力，甚至可能失去這些能力，因為決策工作將外包給 AI。在這樣的背景下，決策的優劣只能取決於演算法，也就是說，你將自己限制在電腦的狹隘能力範圍內。與人類決策的多面向相比，這種能力在許多領域仍然只能算是平庸。

要成為精通 AI 的成功領導人，關鍵在於確保創造適當的條件，使人類與 AI 的協作發揮作用，並採取以人為本的視角，即人類第一，AI 次之。

AI 採用中的領導力需求

本書的重點是企業領導人在成功採用 AI 時需要承擔的責任。我將深入討論 9 項重要的領導行動，每項行動都有其章節。你可能會注意到，根據它們的標題，每個行動都像是你已經在進行的核心領導活動。你甚至可能對自己的能力感到滿意。這種聯繫並非巧合；成功引導 AI 採用的祕訣，除了一開始就決定這樣做之外，就是練習你在其他領域也會運用的重要領導技能。在此，我們將深入探討這些通用技能如何應用於 AI 情境中。

你不一定要依序檢視這些行動，你可以跳到你認為最需要的章節。但是，從頭到尾閱讀這本書，你將從中獲得最大的價值，因為這些職責是相互交織且相輔相成。

每一章節都會說明你發展第二種觀點所需要的心態與行動，這將有助於推動 AI 採用的成功。

各章也解釋了如何反駁第一種觀點的天真假設，即企業領導人只需要購買最先進的技術，然後讓科技來思考。這不是你的職責所在。相反地，由於組織是複雜的實體，AI 的應用，需要我們擁有理解人性並知道如何激勵員工的領導人。他們需要以符合組織宗旨與價值觀的方式來激勵員工，同時回應現今與 AI 相關的特定需求。

甚至連 OpenAI 所建立的大型語言模型（large language model，LLM）的 ChatGPT 也同意這個想法。我向生成式 AI（GenAI）工具的 3.5 版本提出這樣的問題：「當組織採用 AI 時，需要什麼樣的領導力？」回答如下：

在組織中採用 AI 需要特定類型的領導力，能夠應對與實施先進技術相關的複雜性和挑戰。以下是有效率的領導人在引導組織採用 AI 時應具備的一些關鍵特質和策略：願景領導、適應能力、道德考量、協作方式、風險管理、長期規劃、溝通技巧、情緒商數、資源管理、持續評估與改善。透過體現這些特質與策略，領導人可以有效地引導其組織完成 AI 導入的複雜過程，確保該技術能順利且合乎道德地融入組織架構中。[10]

所以，不能再浪費時間了。大家應該都很清楚，AI 已經來臨，而不再是等待階段。你現在的任務是找出領導人要做的事，讓 AI 來幫助你達成組織的整體目標。而解決這個關鍵的問題，就是本書的目的。我們開始吧！

1

學習
LEARNING

認識 AI，並學會作為
領導人運用它

當組織在學習 AI 時，不禁會覺得自己落後於人，因為這項技術的成長與變化是如此迅速，但 AI 的發展仍在加速中。這種快速的節奏使領導人陷入一個尷尬的境地：一方面要學習適應，另一方面又要了解他們正在適應的是什麼。❶ 隨著理解與使用之間的差距不斷擴大，領導人對於自己在採用 AI 時應扮演什麼角色，愈來愈不確定。差距的擴大也削弱了企業對領導人的期望。企業希望領導人能主動使用與管理 AI，讓員工更有效率地工作。

如果企業領導人的首要任務是賦能，使員工能夠善用自己的能力來創造組織競爭優勢，那麼首要領導任務，就是縮小對 AI 的了解與應用之間的差距。精通，從學習知識開始。

我常常聽到領導者提出的問題是：「當 AI 本身就是快速進展的目標時，他們該如何縮小差距，然後引導以 AI 為基礎的轉型，使 AI 技術成為公司的寶貴資產？」在這種情況下，領導人通常對自己的專業知識，應用於這項新技術的價值感到不確定。他們真正想問的是，身為企業家，而非 AI 專家，他們如何能對 AI 的運用提出深刻的見解或做出有意義的行動？當他們開始學習一項凸顯自身知識不足的技術時，這種懷疑感只會與日俱增。這種不足感使他們無法積極參與領導企業的 AI 導入過程。為了解決這個問題，企業領導人必須更加確信，他們的領導力正是企業成功部署 AI 所需要的。

那麼，我們該如何提高企業領導人的信心，讓他們知道自己在指導 AI 驅動的計畫中有真正價值呢？我將提出一個聽起來激進但很實際的建議：企業領導人不需要成為 AI 專家！他們只需要理解，AI 科技對組織及其利害關係人的好處，這樣的 AI 熟悉程度就已足夠，❷ 這種基本的理解程度也足以讓企業領導人縮小理解和部署之間的差距。有足夠的敏銳度，就可以為 AI 制定一個強而有力的商業計畫。

當然，這個過程不僅止於純粹採用 AI 而已，一旦導入 AI，領導人還必須授權和推動員工與 AI 協作（human-AI collaborations），以便提高績效。並為組織創造價值。為達成這些目標，**領導人必須在團隊工作流程中找出整合 AI 的機會，並預期 AI 對不同團隊及其在組織中正在進行專案的潛在好處**。這意味著領導人必須不斷進化，持續了解 AI 領域的發展，以及這些進步將如何影響企業實務。也就是說，除了要具備足夠的知識之外，領導人還必須持續學習，隨時掌握這些知識。

對於企業領導人而言，精通人工智慧，並致力於終身學習，似乎是一項艱鉅的任務。畢竟，美國天文學家卡爾・薩根（Carl Sagan）曾說過一句名言：「我們建立了一個文明，幾乎所有重要的事物都依賴科學和技術，（然而）……卻幾乎沒有人真正理解科學與技術。」❸ 因此，讓我們在此具體討論企業領導人對 AI 需要精通到什麼程度，以及如何終身學習，才能讓領導人在推動組織部署 AI 的過程中，保持足夠的影響力與知識。

企業領導人究竟需要多精通 AI ？

在我開設的進階領導力課程中，高階主管對 AI 感到龐大的壓力，以至於我聽到有些高階主管公開地問自己，是否需要將自己轉型為專業的程式設計師，才能在 AI 領域做到有效的領導。但請放心，企業領導人對 AI 所需的精通程度，並不在於獲得程式設計專業知識。他們真正需要的是對 AI 的基本理解。為了實現這一目標，我們應該在兩種層面上加強對 AI 的學習：

◆ AI 是什麼以及不是什麼
◆ 哪種類型的 AI 適合他們的業務情境，以及原因為何？

AI是什麼以及不是什麼

在基本層面上，AI 系統是具有自我學習能力的運算系統。換句話說，AI 可以從大型數據集中學習，並進行模式辨識和問題解決。因此，AI 有能力分析大型且複雜的數據集，以呈現潛在趨勢，並據此提出建議。正是這種學習能力，讓企業相信 AI 將有助於提升組織效率。❹ AI 系統有可能幫助企業以更有組織的方式運作，進而提升整體生產力。我們已經在現代 AI 系統所使用的各種組織應用中看到這種潛力。例如，AI 系統可協助篩選求職者的履歷、評估員工績效、將任務排程最佳化、管理庫存，以及將重複性的任務自動化，讓員工能夠探索新構想、推動創新，而不是做枯燥乏味的工作。❺

AI 的學習能力，也就是使用演算法來處理新數據，並根據新數據改變其計算資訊的方式，讓許多人將 AI 與人類智慧相提並論。❻ 由於缺乏對 AI 的真正了解，企業領導人通常會將這種學習能力理解為 AI 可以做人類能做的事情，且速度更快。不幸的是，這種假設是不正確的。現今，有太多企業領導人默默認定 AI 能夠真正思考，因此幾乎可以取代人類的任何職位。在他們的想像中，AI 是一種有智慧、有效率、組織良好、紀律嚴明的新員工，比人類更有能力。❼ 如果這種情況真的會發生，他們不禁要問，為什麼還要投資人力資源呢？

這種將 AI 與人類智慧等同看待的假設是錯誤的。重要的是，如果現在不認清這些錯誤的假設，企業領導人將會做出破壞和威脅其組織運作的決策。認為 AI 比人類工作者優越的想法，最終可能導致組織失去人類獨特的能力，例如，創造力和情緒商數。

就創造力而言，隨著 ChatGPT 的快速發展和應用，人們的恐懼倍速上升。這個自然語言處理工具是 AI 驅動的，讓你可以與機器進行類似人類的對話。為了回應提示，ChatGPT 使用一套演算法來分析大型數據集，並以文字、影像和音訊的形式產生新的內容。這項新技術能夠通過美國律師資格考試和高級生物學考試等，而這些考試在不久之前還被認為是 AI 不可能達成的。❽ 值得一提的是，ChatGPT 能夠生成大量新想法的能力，讓企業覺得自己有理由相信 AI 現在真的能夠思考。如果 AI 能成為一個有創造性的思考者，我們當然可以將創造性工作委派給智慧型機器。但如果企業領導人決定將創造性工作委託給 AI，而非人類，這種行為將會損害整個組織（見第 8 章）。

事實上，AI 仍無法像人類一樣思考，ChatGPT 也無法真正發揮創意。首先，這個自然語言處理工具不會生成新穎的構想；它的所有構想都已經存在於數據集裡。它所做的唯一新穎之處，就是將現有的構想以一種像人類構思的方式加以組織和組合。但構想本身必須存在於數據集裡，ChatGPT才能生成這些構想。因此，AI在這方面比人類做得更好的地方，就是能更快地提出現有構想的新組合。

但創造力不僅僅是產生新穎的構想。創造力還包括評估新產生的構想是否有意義，以及是否能解決人類關心的問題。AI不具備這種能力，因為它無法理解人類認為哪些問題需要解決。因此，即使ChatGPT是快速生成構想的高手，它仍無法判斷這些構想實際上可以解決哪些問題（以學術用語來說，它缺乏反向因果關係思考的能力）。企業領導人需要意識到這一現實，並認清到僅擁有ChatGPT並不意味著我們不需要進行思考。為了避免陷入這些思維陷阱，熟悉AI的領導人也應該了解AI的限制。

這些限制是什麼呢？首先，**即使是最精密複雜的AI系統也無法像人類一樣，從學習來推測意義**。它們無法做出類比，也無法領會文化與脈絡上的細微差異。❾人類可以擷取商業對話中的更深層含義和微妙的差異，但AI卻無法分辨出在某些商務談判中，所說的話和真正的意思是互相矛盾的。舉例來說，AI會將「你這個提議是認真的嗎？」解讀為在請求確認提議的簡單問題，但是大多數人很快就能感受到對方在暗示他們

對提議內容不太滿意。因此，AI 無法真正取代人類的直覺、判斷與決策能力，而這些能力在複雜又曖昧的商業環境中至關重要。❿

其次，**AI 系統無法進行道德推理**：它們無法推斷人們真正關心的是什麼，以及為什麼在某些情況下很重要，而在其他情況下則不是那麼重要。⓫ **它們無法感同身受地了解它們正在做決策的對象**。例如，當你的一名員工上班遲到時，身為領導人可能會表示同情，因為當天早上有一位年長的婦女因心臟病發，在他家門前昏倒。另一方面，AI 會堅持他遲到的事實，它不會對發生在員工家門前的人間悲劇抱有任何同理心。AI 系統無法在任何特定情況下，以符合道德、尊重和社會可接受的方式來處理新情況。

最後，大多數的現代 AI 系統都充斥著偏見和歧視模式。有關 AI 偏見的報導，例如，歧視美國黑人的預測性治安演算法，以及對女性有偏見的履歷篩選演算法，愈來愈普遍。假設 AI 系統是完全理性且不帶有偏見的決策者，已經站不住腳。

因此，企業領導人必須了解，**AI 系統可以分析人類無法合理解析的大型複雜數據集，並從中得出見解**。同時，領導人也必須明白，**AI 系統無法做出直覺判斷、理解道德和文化敏感性，或完全消除決策過程中的偏見和歧視**。以這種方式理解

AI，可以讓企業領導人認識到智慧技術的侷限性。儘管 AI 可以大幅提升工作效率，改善組織的整體運作，但 AI 無法完全取代人類。而且，重要的是，高效率的領導人體認到 AI 不能代替我們思考，這就是我們需要企業領導人的原因！

哪種AI最適合商業環境，以及原因為何？

企業期望 AI 以精確、透明且高度可解釋的方式分析資料方面，比任何人都做得更好。企業希望利用所獲得的知識做出更好的預測、參與更高品質的決策，以及更有效地解決問題。如果企業能夠根據正確類型的數據做出更準確的預測，將有助於他們優化決策，讓利害關係人認為決策是合適、吸引人且對其自身需求具有價值。因此，更好的決策將有助於建立穩定、不斷增長的客戶群，進而幫助企業從競爭對手中脫穎而出。最適合此目的之 AI 類型，通常會採用機器學習（machine learning, ML）技術：一組透過反覆的訓練和測試過程，在大型數據集中識別模式的技術。AI 進行機器學習的一個簡單而經典的例子是癌症診斷。這個範例的商業案例很明確：在醫療影像上，找出人類難以發現的問題點，幫助醫生能更好地完成工作，也讓醫院能吸引更多患者。

組織必須了解其不同利害關係人的利益（請參閱第 6 章），

並在部署 AI 時，盡量降低傷害利害關係人的風險。因此，最安全的選擇，是在人類仍保留自主權的情況下使用 AI 系統。人類必須積極介入底層預測模型的訓練與開發，並了解與評估其輸出結果。最重要的是，當輸出結果有偏差、導致不可接受的決策，或在其他方面未達到最佳狀態時，必須放棄使用。例如，企業領導人首先應釐清 AI 的使用，可能會如何影響未來的業務開展方式。這些領導人也應該與組織中每一位使用 AI 的人員分享一套原則，以補充此概述。這些原則應該說明，每個人都需要報告 AI 的運用是否對公司的利害關係人公平、公正，並且完全符合法律法規。

　　並非所有的 AI 系統都允許這樣的人類控制。有些系統，尤其是那些以無監督技術為基礎的系統，讓模型從資料中發掘洞察力，幾乎不需要人為介入，這些系統就不太適合業務需求。而企業似乎也意識到人類控制的重要性。歐萊禮媒體（O'Reilly Media）在 2021 年進行的一項調查顯示，約有 82％的組織表示，偏好在訓練和使用過程中，允許更積極人為介入的機器學習模型。❷

　　有幾種當代的機器學習技術可讓人類介入，通常不會在品質與效能上需要任何重大的取捨。例如，監督式機器學習模型會使用大量由人類標記的輸入資料進行訓練，如此一來，模型就可以根據人類標記者的見解進行推論。另一個例子是人類意見回饋強化學習（Reinforcement Learning with Human Feedback, RLHF）技術，利用人類的回饋來設定訓練目標，並在模型偏離這些目標時進行校正。ChatGPT 是 RLHF 技術廣為人知的例子，它會詢問你是否滿意所生成的內容，以及是否想要改用更清楚的措辭來重新表達。在這種交流中提供的人類回饋，將有助於微調大型語言模型（LLM），使其能夠學習到更好的模式偵測和內容生成。而在 AI 的「可解釋性」（explainability）與「可說明性」（interpretability）的最新發展，使得獲取有關 AI 模型如何得出預測的事實和明確資訊，變得愈來愈可行。❸ 由於人類對於 AI 的控制，愈來愈被認為是組織採用 AI 來協助決策的關鍵，因此在技術上也付出了龐大的努力，以擴大我們對於這項工具的控制範圍與成效。作為一位熟悉 AI 的領導人，你必須跟上這些發展。

　　請思考以下例子。假設你的組織正在開發一個 AI 模型，用以篩選潛在求職者的履歷。假設你保存了成功和失敗求職者的履歷，那現在你可以使用監督式學習技術。一旦 AI 模型根據公司歷史紀錄中的履歷進行訓練，它就可以識別出公司認為具有吸引力的履歷。因此，當 AI 看到新應徵者的履歷時，就能預測此應徵者是否有可能被錄用。現在，假設你投資於先進的可解釋性技術，來了解這個模型到底找到了什麼模式。令你震驚的是，你會為模型已經學會假設性別與求職成功有高度關聯性感到驚訝，貴公司之前僱用的大多數員工都是男性，因此，該模型更有可能將男性應徵者標記為可錄用者，而不是同樣資格的女性應徵者。

這個例子可不是虛構的故事。2018 年，科技巨頭亞馬遜（Amazon）就有過這樣的經驗，急忙召回其有偏見的履歷篩選演算法，但在此之前，公司聲譽早已遭受相當大的損害。關鍵在於兩個可以介入這個模型訓練的機會，第一次是：選擇和標示模型訓練數據時；第二次是應用可解釋性技術來分析其內在邏輯時。熟悉 AI 的領導人必須知道 AI 部署中的人為介入點，並主動和策略性使用這些介入點，確保模型以安全且有用。

最後重要的一點：如果這些監督式機器學習工具聽起來只是名稱華麗的統計建模，那麼你就說對了。從許多方面來看，機器學習只是一個非常好的計算機，它的運算速度比人類更快，而且可以處理更多的數據。事實上，機器學習應用於數據集的預測模型是基於迴歸分析的原則，並盡可能減少誤差以優化預測。因此，你可以藉由掌握常見的統計方法如迴歸分析，並熟悉統計程式語言如 R 來幫助自己。請注意，獲得這些統計知識並不等同於成為一名程式設計師。你完全不需要這樣做！

更重要的是掌握相關知識，以協助你與數據科學家和分析專家進行更有效的溝通。作為一位熟悉 AI 的領導人，你應該具備足夠的統計與建模基礎知識，才能夠勝任與這些技術專家溝通的工作，但還不到要親自開發並測試 AI 模型的地步。

了解 AI，並學習成功部署

　　了解 AI 是什麼，以及它不是什麼，將有助於你認清其在組織中的潛力、適應這項新的工作現實，並制定計畫讓 AI 得以採用。然而，將 AI 納入組織並不會隨著商業計畫的交付而結束。在許多公司裡，領導人一次又一次地快速掌握技術，寫出一份好的商業計畫書，然後就覺得他們的工作已經完成，交由技術專家接手。

　　因此，我經常聽到有人說這些商業計畫沒有成功，AI 也沒有很好地提升組織的整體績效。對大多數組織來說，在公司內部有效地提升 AI 的使用始終是一個挑戰。一旦採用 AI，你還需要確保以正確的方式使用這項技術，讓它真正簡化員工的工作，並全面提升績效。

　　你的任務就是創造好的工作條件，激勵員工對 AI 能如何幫助他們表現得更好產生好奇心，且樂於嘗試使用技術，並根據組織的目標和價值觀使用技術。你可以以身作則，來營造這樣的工作氣氛。這個做法非常重要，但許多企業領導人都有這樣的問題：他們希望員工聽他們說什麼（例如，「日常工作中需要使用 AI」），卻不希望員工效法他們（例如，他們本身就沒有用 AI 方法取代舊有的工作方式）。

　　舉一個企業領導人未能以身作則的例子，這是一家製造公司。該公司邀請我討論如何讓 AI 成為組織 DNA 的一部分。在採用 AI 的初期，員工對 AI 表現出強烈的動機和好奇心。有些員工開始使用雲端平台，透過這個平台，鼓勵團隊之間的溝通和資訊交流。然而，隨著時間推移，公司投入大筆資金的新平台使用率顯著下降。我試圖找出原因，我得知員工逐漸回到他們熟悉的、更傳統的溝通方式，因為他們看到領導人忽視這些新採用的技術。「如果他們都不這樣做，我為什麼要這樣做？」這樣的論調流傳在組織當中。

　　當我訪談其中一些領導人時，他們承認，根據他們的理解，AI 在採用階段似乎是個好主意。可是，一旦他們必須開始使用 AI 時，卻感到不確定該如何操作。聽到企業領導人描述這種不確定性，讓我意識到對 AI 的基本了解，可以激發人們對任何一種 AI 採用專案的最初熱情，但過渡到成功實施階段需要持續學習。你必須跟上 AI 領域正在發生的事情及其在商業世界中的潛在應用。

　　AI 不斷演進，新技術不斷開發，使用 AI 系統的商業應用也快速增加。在這個瞬息萬變的環境中，你不能將學習 AI 視為一次性的工作，應該盡可能多閱讀與 AI 相關的進展，以及產業領導人對其應用的想法，與其他領導人進行討論，定期與技術團隊檢查進度。我認識一位國際顧問公司的高階主管，業界公認她是推動數位轉型工作的最佳人選。雖然她榮獲多項國際獎項，彰顯她在讓科技為公司服務方面的領導能力，但她從不違背一項規則，就是每天至少閱讀一小時。然而，你所閱讀的內容不應只與 AI 相關。你閱讀是為了學習，對於想要在組織中推動 AI 轉型的企業領導人而言，必須從兩方面著手：你可以透過閱讀來更新你對 AI 的基本理解；你也可以廣泛閱讀，了解你的領導力在推動 AI 採用專案方面所發揮的作用。

　　事實上，雖然維持和更新有關 AI 的基本知識很重要，但研究顯示，隨著 AI 時代來臨，提升領導技能將促使組織整體成功、甚至是生存的重要因素之一。❶ 根據我的經驗，只要有正確的領導方式，就能建立更開放的心態來探索 AI，並嘗試在不同專案中使用 AI。微軟執行長薩蒂亞．納德拉（Satya Nadella）的領導方式以推動學習，讓員工更樂於探索其他經營方式，他就是精通 AI 的領導人典範。❶ 他認為自己在 AI 方面的成功，不是因為擁有最好的技術，而是因為領導階層定下基調並改變組織的思維。納德拉曾多次指出，由於微軟過於關注過去的榮耀，致使該公司總覺得改變和採用新構想很困難。隨著他對成長心態的重視，他希望培養員工一種態度，即不再回顧過去，而是對新的工作方式抱持開放與好奇。

納德拉領導方式的核心是以身作則，以實現變革。重要的是，他言出必行，表現出謙遜的態度，此無疑是他推動變革和創新的祕訣。透過展現出謙卑的態度，納德拉表達了對他人意見的尊重，為不同的意見創造發聲的空間，並鼓勵員工嘗試以不同於以往的方式做事。這些做法對於型塑工作文化至關重要，這種文化使員工能夠以開放的態度與 AI 協作，並積極貢獻心力，這些重要的投入能讓 AI 的實施更加成功。因此，謙遜的領導力會激勵員工，讓他們接受與 AI 協作的自主性。隨著員工自主性提升，還會帶來額外的好處。員工覺得自己擁有工作，也會表現得更有責任感。在部署 AI 時，比以往任何時候都更需要強化責任感。

領導人也需要學習 AI 倫理，以評估和深入思考如果 AI 的輸出顯示偏見，或甚至建議不道德的決策時，採用該技術對利害關係人可能造成的後果。在這方面，你的領導力非常重要！❶❻ 因此，在持續學習的軌跡中，你需要隨時了解採用 AI 伴隨

而來的責任，這些責任並非可有可無，而是必須履行的基本義
務。隨著 AI 系統應用於各種日益敏感的商業案例，確保這些
系統以負責任的方式部署所需的考量因素也不斷地演進。由於
我們不斷了解到 AI 系統如何存在偏見以及其他可能的危害，
所以我們需要持續學習如何應對這些問題所涉及的責任。例
如，OpenAI 執行長山姆・奧特曼（Sam Altman）強調 AI 的發展
不僅僅是技術層面的挑戰，更涉及到倫理和社會責任，企業領
導人需要持續學習科技產品的倫理後果，並根據這些知識採取
行動。他還公開宣稱，AI，特別是他自己創造的 ChatGPT，會
為社會帶來危險。❶

最後，終身學習作為 AI 之旅的一部分，不僅僅是個人的
努力而已，它也是一項協作性的工作。例如，組織可以透過邀
請經驗豐富的業界同行，以及來自諮詢顧問公司和大學的外部
教師，協助舉辦內部研討會與在職訓練。此外，商學院也可以
在這方面發揮作用，透過兩種方式做出貢獻。❶ 首先，在商學
院的學位課程中，有一項重要的任務，就是承擔教育未來企業
領導人的責任，甚至在他們受僱於組織之前，就已經接受訓
練，學習和發展對 AI 的理解和應用。其次，商學院具有獨特
的優勢，可以成為個人終身學習旅程的一部分。商學院可持續
提供高階主管教育計畫，讓企業領導人更深入探究自身的領導

方式，並評估其是否適合現今的特定挑戰。

．．．

洞悉 AI，精明領導。首先要對 AI 有足夠的了解，才能運用 AI 語言、跟上技術發展，並將這些寶貴的見解帶入你和團隊每天面對的商業現實中。事實上，這對某些人來說可能聽起來很荒謬。在現今的企業中，你對 AI 的基本理解，將使你的領導階層有能力以最符合組織及其利害關係人的目標和利益的方式，做出決策和採取行動。了解 AI 能做什麼、不能做什麼，將有助於身為企業領導人的你，評估如何以最佳方式使用此智慧型工具，來回答對組織而言最重要的問題。因此，下一步是學習如何運用 AI 來幫助你全力達成組織的目標。第 2 章會說明如何實現這一步驟。

2

訂定目的
PURPOSE

根據你的目的，
引導出關鍵問題

國際西洋棋大師加里・卡斯帕洛夫（Garry Kasparov）在 1997 年輸了一盤棋，輸給了 IBM 超級電腦程式「深藍」（Deep Blue），但他確實贏過第一盤棋！當我與卡斯帕洛夫合作撰寫論文時，他經常開玩笑：「自己是第一個被 AI 打敗的人類。」❶

然而，輸給「深藍」反而激勵他重新思考如何透過 AI 協作，為國際西洋棋創造更多元的智力遊戲。儘管卡斯帕洛夫對 AI 應用抱持正面態度，卻仍堅信 AI 始終無法變成人類。2017 年，他在紐約舉辦的全球科技新創盛會（TechCrunch Disrupt）上受訪時表示：「機器無法理解何謂能力……它們是沒有『目的』的去完成人類的指令。」❷

卡斯帕洛夫在此指出，AI 可以蒐集所有關於人類的數據，並基於這些數據可從認知和抽象層面上「了解」人類。然而，這種了解並不能使 AI 變成人類。想要做到這一點，AI 需先了解驅動人類的價值觀和動機（即人類行為的目的性），正因如此，才讓人類偶爾突破常規的方式做出選擇。例如：人們有時能放棄對自己有利的選擇，之所以這麼選，意味著需與自己的價值觀妥協。若想要了解驅動人類行為的因素，需要的不僅僅是擁有「檢視所有可用數據」的能力而已。

卡斯帕洛夫的觀點對我們而言十分重要。自從大數據時代來臨，組織已將數據視為有價值的商品和商機。事實上，數位轉型在許多方面都是這種應用數據的結果。不論身處何種產業，企業都以驚人的速度將自己重新定義為數據公司。AI 是一種閃亮的新引擎，用人類難以突破的方式分析這些數據，並從中得出見解，就像「深藍」掌握國際西洋棋一樣。這些數據應用進而推動整體的商業策略革新。

想想看，雖然企業聲稱自己是現代化公司，但卻不擅長數據。我經常遇見這種自相矛盾的情況。企業領導人表示：他們了解數據能為組織創造價值，也宣稱自己是運用數據的公司，投資數百萬美元於數據科學。然而，他們使用新的資源和既有設施來「網羅更多的數據」藉此說服自己，積累足夠的數據供數據分析師使用；因為企業領導人不是 AI 專家，應該要讓專家去執行他們的任務，並確保這些技術人員有大量的原始資料可使用。

換個角度，探索這些數據是否能有效解決商業問題？如何將這些投資化作實踐的動力並且將你的投資與企業策略互相結合。在我合作過的客戶和組織中，都沒有人這樣做。人們似乎覺得 AI 是複雜的技術，因此，領導人應該將 AI 在組織中發揮作用的責任移轉給技術專家。

而這正是問題的開端，因為數據作業並非由企業領導人帶

領。以下是大型電信公司使用 AI 來降低客戶流失率的案例。❸
該公司使用 AI 系統分析客戶數據，找出最有可能流失的客戶，
然後用廣告轟炸這些客戶。結果很多客戶還是離開了。出了什
麼問題？首先，AI 工具回答了錯誤的問題。與其投入心力於哪
些客戶可能流失，不如專注於哪些人會留下來。該公司最終浪
費了時間與金錢，試圖影響那些無論如何都要離開的人，而這
些資源本來可以花在那些願意留下來的客戶身上。

　　請注意，這裡的問題並不在於 AI 或其複雜性，而是缺乏
足夠的智慧正確定義商業問題。各種組織在部署複雜的模型，
以了解哪些產品暢銷、誰會購買這些產品，以及未來會有多少
買家時，都會面臨類似的問題。即使 AI 系統最終鎖定了正確
的客戶類型，但這些客戶是你想要留下的嗎？當然，你今天擁
有這些客戶，他們也為你創造業機，但這些是你真正想要接觸
的客戶嗎？ AI 模型無法回答此類問題。它們無法理解你的組
織，以及你的價值觀所追求的目的。這些必須由你這位熟悉 AI
的領導人，來告訴開發人員和分析師，你到底在尋找什麼。

　　這就是領導人未能做到的地方：提出正確的問題來分析數
據。而這也是我在本章想要解決的問題。事實上，為了讓數據
分析師和科學家能夠以最佳方式完成工作，你需要幫助他們理
解應該如何利用數據來回答企業提出的問題。但是，他們並沒

有得到這樣的支援。基於各種原因，企業領導人在這個過程中缺席了。

首先，許多企業領導人對於他們公司存在的具體原因，竟然出奇地不了解。當我詢問領導人除了獲利之外，他們和組織還希望達成什麼目標時，最初的回答往往是一片沉默。通常在沉默之後，很快就會被一般價值觀摘要所打破，這些內容幾乎在所有公司網站上都可以看到。我通常會回應說，如果他們不清楚組織的目標，又如何能提出正確的問題，確保組織能做出最佳決策，從而脫穎而出呢？不出所料，接下來就是第二輪的沉默。

其次，現今的企業領導人幾乎不與科技專家溝通。大多數領導人將部署 AI 的責任交給技術人員，而技術人員卻不了解組織的業務現況，往往只專注於分析組織現有的數據。畢竟，他們受僱目的不就是要告訴你數據的洞察？這種工作方式的潛在問題是，你可能會將數據分析師所獲得的見解，當成你為組織做決策時的指導原則。而這種做法是危險的，因為它假設你可以簡單地利用任何可用的數據來分析，為公司尋找目標。那是落伍的做法。但是，你知道這些數據是否是達成組織目標的最佳可用資料？你不知道！只有當你與 AI 專家開始更多的討論，並將問題建立在組織的價值觀之上，才能決定你是否擁有

足夠且適當的數據。然後，數據分析師就可以評估是否有適當
的數據種類，以回答公司最重要的業務問題；如果沒有，他們
可以蒐集更多、更好的數據。

　　確定組織價值觀以及要解決相對應問題的這種做法，正是
我前面談到的那家大型電信公司所面臨的問題。該公司利用已
有的數據，試圖回答哪些客戶最有可能離開。如前所述，該公
司應該從自己的價值觀出發，利用這些價值觀來找出與自己價
值觀一致的客戶，進而激發他們留下來。然而，問題是該公司
缺乏這些數據，而且企業領導人也沒有向科技專家談論這種聚
焦方向的重要性。

誰應該提出引導數據驅動決策的問題？

　　企業領導人需要監督可用的數據並了解其品質，管理從數
據中推斷出來的見解，以及確保這些見解能回答正確的問題。

領導人應該提出問題而非AI，因為技術是中立的

　　對組織而言，重要的問題是那些能幫助組織滿足利害關係
人的需求，進而符合組織價值觀的問題。我們真的可以期待 AI
提出這些問題嗎？ AI 工具是否能提出對組織實現永續發展的

正確問題？AI隨後能否辨識出為組織創造價值的模式與趨勢？

請記住，所有技術都是中立的。當然，智慧型技術可以識別結果，甚至做出影響人類生活的決策，但AI無法尋找有意影響你生活的方法。就跟電一樣，電可能會殺死你，但它不會故意選擇結束你的生命。

因此，當涉及推動組織變革時，儘管數據很重要，且AI也能讓我們理解數據，但我們需要的不只是這種能力。我們仍然需要對已被解讀的數據進行詮釋，並使其與我們生活中重要的事物相關聯。

當然，我可以想像到某些人會說，這個觀點在過去可能是對的，但在今天，隨著生成式AI的導入，詮釋AI讓人理解的技能可能不再需要。許多人可能都聽過微軟以ChatGPT為基礎的搜尋引擎Bing的故事，據說它侵犯人們的生活，建議人們可因為不幸福而離婚。相反地，ChatGPT希望人們與聊天機器人建立浪漫的關係，因為AI希望像人類一樣被愛。❹ 如果我們假設生成式AI無法理解我們的情緒和動機，這類故事似乎就沒有意義。有許多人可能都快要遺忘，ChatGPT說出爭論的話基本上都是計算出來，而非一個活生生、會呼吸的有機體產物。ChatGPT並不想愛上某個人；它只是計算出「我愛你」在統計上是對某些使用者明確的浪漫詢問，最有可能的回應。它就像計算機一樣中立，當你輸入 2+2，它會顯示 4。這種混亂的情況，讓我們看見最近在大型語言模型（例如：ChatGPT）方面的進展，在我們邁向「通用人工智慧」（Artificial General Intelligence，即一種具備與人類同等智慧的 AI 模型）的旅程上已經前進了一大半。但是，通用人工智慧的進步只是表象！即使是最先進的大型語言模型，也會產生「幻覺」（hallucinate），也就是產生無意義或不準確的資訊，因為它們只是在尋找有關字詞和句子趨於如何組合的統計模式，而不是真正推理我們輸入的問題。

　　儘管 ChatGPT 的輸出可能會讓你有某種感覺，但它顯然沒有任何意圖，也沒有對應該重視或不重視什麼提供意見。它無法評估或建議你應該重視和追求什麼。美國電腦科學家馬文‧明斯基（Marvin Minsky）將此稱為「常識問題」（common sense problem）。❺ 這表示 AI 無法像人類一樣靈活運用普遍常識來處理多樣化的情境（例如，知道水是溼的）。❻ 因此，由於 AI 不具備常識，它無法理解人類從事商業活動的理由是什麼。Meta Platforms（前身為 Facebook）的首席 AI 科學家楊立昆（Yann LeCun）最近在社群媒體上發表一篇文章，更清楚地說明這一點。他認為，AI 社群仍無法開發出能讓機器學習世界如何運作的學習範例。❼ 而且，重要的是，他補充說，他並沒有立即看到如何改善這種能力。

由於 AI 缺乏常識，因此無法與人類生活的世界連結。我們不難發現，AI 無法完全掌握和理解人類想要從事商業活動的各種原因。因此，我們不能指望 AI 提出適合組織既定目標的正確問題。

科技專家沒有正確的架構

那麼，哪些人會提出我們需要的問題呢？我們是否可以讓 AI 專家帶頭提出問題，以引導數據驅動的決策？可以肯定的是，這些科技專家可以從 AI 分析的數據中推斷出意義。但他們是否擁有正確的架構，能以符合組織目的和業務目標的方式來詮釋數據？答案可能是他們不太可能有這樣的架構，因為他們並沒有接受過了解開展業務的基本原則和經營目標的訓練。相反地，他們接受的訓練是了解技術和運用 AI。企業領導人才會擁有足夠的背景和技能，來了解企業如何運作，以及市場需求將如何影響組織的目標。因此，正確的問題必須由具備商業專業知識且能清楚闡明組織目標的人提出。

詢問 IT 部門應該購買哪些硬體和軟體是一回事，而詢問分析專家這些數據，說明你公司的目標是另一回事。身為企業領導人，你的工作就是定義公司的營運目標，並利用它來提出正確的問題。因此，身為熟悉 AI 的領導人，你必須定期與 AI 專家會面，並向他們傳達你希望數據能解決哪些問題。然後，科技專家可以更專注於分析數據，查看這些數據是否可用於回答對公司目標至關重要的問題。如果現有數據無法提供這些問題的答案，那麼你需要讓數據科學家蒐集新的數據。

　　為什麼我如此強調企業領導人在這方面的責任？主要是因為領導人沒有遵循這些建議。例如，我曾經告訴一群企業領導人，他們對於採用 AI 的思考方式，讓我覺得他們的薪資過高，而數據科學家的薪資過低。顯然，他們對我的評論感到驚訝，甚至有點惱怒，並質問我為什麼？我的理由很簡單。他們只是告訴我，他們正在等待數據科學家告訴他們數據中的內容，以便企業領導人可以利用這些見解來制定策略。在我聽來，他們似乎對公司的目標一無所知。他們似乎認為：「我們的數據科學家正在檢查我們是否做正確的事情，當他們向我們提供最新資訊時，我就會知道我們想要向客戶傳達什麼，並據此制定業務策略。」這種態度給我的印象是，這些高階主管失職了。他們是被人領導，而不是領導他人。究其原因：他們不知道公司的目的，所以無法提出重要問題來引導數據分析。

深入探究組織目的

　　你必須參與 AI 運用在數據分析的階段，才能提出正確的商業問題。而這些問題反過來又是基於組織所追求之目的，也就是說，任何組織使用 AI，應該都是以目的為導向。不幸的是，有許多例子顯示，組織很容易受到目的以外的考量所影響，導致 AI 以不合適的方式使用。

　　例如，我們都知道微軟和 Google 推行以 AI 為基礎的對話式搜尋引擎，引發了一場軍備競賽。每家公司都急於推出最新技術，卻沒有考慮到他們真正想要解決的商業問題，以及對其利害關係人可能造成的後果。當微軟在其搜尋引擎 Bing 中推出聊天機器人「Sydney」時，很快就遇到問題，因為該聊天機器人威脅並責罵使用者提出不恰當的問題。❽ 顯然，微軟決定快速部署這項技術，主要是為了蠶食 Google 的市場占有率，而不是為了微軟的消費者創造有用產品的遠大目標。Google 也不甘落後，急忙推出名為「Bard」的聊天機器人。然而，在首次公開亮相時，Bard 在回答有關詹姆斯·韋伯太空望遠鏡（James Webb Space Telescope）的問題時，犯了一個基本的事實錯誤——如果你使用 Google 搜尋引擎，會很容易就可以發現。投資人擔心這一事件代表著 Google 在組織全球資訊，並使人人都能存取和使用資訊的使命上，倒退了一步，因此反應負面，致使 Google 股價下跌 9%，市值縮水 1,000 億美元。**❾**

要採取更有目的性的方式，請參考蘋果公司（Apple）的做法。**❿** 許多人對於這家科技巨擘缺席大型語言模型的軍備競賽，感到驚訝，但也許他們不應該感到訝異。近年來，蘋果公司已展現出對創新採取更審慎的態度，養成習慣遠離那些不會直接影響其核心業務（硬體）的技術。眾所周知，蘋果公司以快速追隨者而聞名，它會等待技術成熟，然後才迅速推出具有「蘋果」風格的版本。此外，蘋果公司以隱私為核心使命，與成功部署任何一種大型語言模型都需要蒐集和處理大量用戶資料的做法，顯然互相矛盾。因此，當蘋果公司考量是否要加入這場競賽時，它一定意識到提出這個問題會違背自家公司的核心目的和定位。所以，該公司決定對 AI 的使用與應用，採取更審慎的態度。

這些故事彰顯一個重要的課題：**在現今的 AI 時代，你最重要的職責之一，就是確保組織的目的成為一種共同的利益，並讓每個人銘記在心。**身為企業領導人，若要以最佳方式運用 AI，你必須清楚說明組織存在的意義，以及組織所認同的價值觀。你的員工也必須將這個目的視為使用 AI 的指導方針。

身為領導人，你將如何確保 AI 的應用方式是以目的為導向？

言行一致，讓AI應用符合目的

　　你希望確保每個人都了解組織想要達成的目標，以及 AI 部署如何符合這個情況。第一步，你需要以身作則，在一言一行中體現目的。要讓員工認知到他們在工作中所做的事，反映組織所代表的價值觀，就需要這個步驟。你可以使用敘述方式，解釋決策和要求背後的原因，從而體現組織目的。如此一來，你的員工會逐漸開始思考自己的決策和行動的原因，整個組織也會形成一種以目的為中心的思維。一旦這一點就緒，你就可以將追求組織目的與 AI 運用相結合。這是很重要的一步，因為你要避免員工將應用 AI 視為目的本身。當然，一旦對目的有共同的理解時，就更容易建立這種連結。

　　就像我在前一章所描述的學習結果一樣，讓 AI 以目的為導向是一種持續付出的結果。你做出每一個決定，都必須言行一致。這也需要你增進自己的人際關係技巧（請參閱第 9 章），以營造一種協作氛圍，讓科技專家與商業專家合作並協作 AI 的採用工作。同樣地，你以身作則的能力也很重要，這需要你與數據科學家和分析師定期開會，與這些專家的定期會議中，你應該嘗試分享成功故事、案例研究，以及你認為符合組織目的與價值觀的 AI 應用實例。

強調AI是一項長期投資，以展現高品質的解決方案

　　作為一位以目的為導向且熟悉 AI 的領導人，你必須避免以過於狹隘的觀點來看待 AI 的導入，並確保在更廣泛的背景下理解其應用。你不希望員工將 AI 視為一種改善盈虧狀況而犧牲其他一切的方法。由於 AI 會引發複雜的倫理問題，包括隱私、偏見、責任，以及自動化決策的潛在社會影響。因此，把 AI 視為賺錢機器，將會違背你的價值觀與目的。在這種情況下，你的組織遲早會侵犯這些利害關係人的利益。所以，你必須確保追求目的與追求利潤不被視為同一件事。

　　當然，在採用 AI 而進行重大財務投資時，你不能忽略利潤。在此，你的主要職責之一，是要傳達這樣的訊息，只有在組織所期望的目的下追求利潤，才具有一席之地。正如貝萊德（BlackRock）執行長拉里・芬克（Larry Fink）所說：「目的不是對利潤的唯一追求，而是實現利潤的動力。」[11] 與員工溝通時，你不能低估這一點，因為這清楚說明，任何組織採用 AI 都是一項長期投資，目的在於創造永續的價值。以目的為導向的組織是一個負責任的組織，在這樣的組織中，將會以深思熟慮且協作的方式來使用 AI。例如，當整個組織都抱持以目的為導向的心態時，AI 專家將會受到更大的鼓舞，以永續的方式分

析數據。透過分析盡可能多的數據，他們將不再認為自己的工作能夠揭露即時價值。相反地，他們會意識到更仔細思考 AI 需要揭示哪些見解的重要性，並嘗試尋找正確類型的數據，來回答組織希望看到答案的問題。

利潤與目的之間取得平衡有多困難，可以參考 OpenAI 的案例。⓬ 該公司最初是以非營利組織的形式成立，明確目標是使 AI 技術普及以造福全人類。這一切在 2019 年開始發生變化。當時，OpenAI 為了換取微軟的投資，以確保額外的運算資源，承諾給予這家科技巨頭擁有將 OpenAI 未來發展商業化的優先權。這種改變立即反映在 OpenAI 對大型語言模型的態度上。2019 年，當 OpenAI 首次開發出 GPT-3 的早期版本時﹒該公司在發布時採取謹慎的態度──主要針對科學受眾發表了幾篇論文，並在技術資訊發布方面設置明確的警戒線，以避免潛在的濫用。相較之下，該公司於 2022 年急速將 GPT-3 商品化，包括 ChatGPT 等面向使用者的工具，以及各種 Microsoft 產品的廣泛整合，卻沒有考慮到這種廣泛發布的潛在危害。不出所料，這一立場的轉變造成公司員工和領導階層的嚴重分歧──執行長山姆‧阿特曼（Sam Altman）於 2023 年 11 月 17 日遭 OpenAI 的董事會開除，但隨後又於 2023 年 11 月 21 日回鍋復職。不過，在這次領導階層動盪之前，該公司幾位最傑出的倫理學家

和工程師就已辭職，以示抗議，並選擇成立自己的獨立公司
Anthropic，堅守他們簽約時承諾為 OpenAI 奮鬥的初衷。

協調組織的目的和快速的技術變革

許多人將目的視為一種固定的概念，他們認為價值觀不應
該妥協。這種觀點可能會讓以目的為導向的領導人在採用 AI
方面帶來問題。

無法否認的是，企業對於適應新的 AI 技術有著強烈的迫
切需求。如何協調當前 AI 的發展與許多人眼中固定的目的觀
念？以目的為導向的 AI 應用方式，能否適應 AI 領域的快速進
展？

身為企業領導人，你的挑戰是如何協助員工適應新的 AI
進展，並使組織達成目標。畢竟，你所追求的目標可能保持不
變，但這並不表示你為了達到目的所走的路會永遠保持不變。
同樣地，更先進的 AI 工具只是代表達成相同目標的新方法。
你必須不斷努力，才能將組織的目的轉化為與最新 AI 技術運
作相適應的方式，並改變工作環境。這裡傳達的訊息很明確：
**對於你想要達成的目的保持堅定不移，但對於 AI 如何幫助你
實現該價值，則要靈活變通。**例如，假設一家零售公司曾使用
AI 來優化客戶體驗，那麼最近，它很可能還會投資一個以 AI

為基礎的推薦系統，以幫助客戶更輕鬆地找到產品。今日，該
公司可能有興趣使用以大型語言模型為基礎的聊天機器人，用
互動方式幫助客戶瀏覽其商店。到了明日，這家公司可能會使
用完全不同的東西。當然，要實現這種靈活性，你必須致力於
持續學習，並保持好奇心和開放態度，以便在 AI 不斷進展且
影響組織運作時，掌握最新的產業趨勢和最佳實踐（請參閱第
1 章）。在這方面，養成終身學習的習慣至關重要。

　　作為一位熟悉 AI 的領導人，你有責任教育自己，進而與
員工溝通，並激勵他們以符合組織核心目的與價值觀的方式應
用 AI。這顯然是一項複雜而艱鉅的任務，但以下的步驟──正
如先前所討論的，以及在下頁表「以目的為導向的領導人在 AI
時代該做什麼」中所做的總結，相信可以幫助你走在正確的軌
道上。

· · ·

熟悉 AI 的領導人了解處理數據的價值，尤其是在處理正確
類型的數據上。為了確保科技專家能夠分析對組織而言非
常重要的數據，你必須在工作、決策和領導方式上，成為
能代表組織價值觀的領導人。如此一來，你就能確保 AI 投

入工作,會提出適當的關鍵問題。成為一位成功的目的導
向型領導人的另一個重要含意是,你可以讓每個人都參與
其中,確保 AI 的採用受到整體組織期望的價值觀所引導。
在第 3 章,我們將探討促進包容的重要性。

以目的為導向的領導人在AI時代該做什麼

當今的企業領導人:

◆ 在行動和決策中體現組織的目的。

◆ 與數據科學家和分析師合作,並定期會面。

◆ 告知數據科學家在分析資料時需要回答哪些問題。

◆ 幫助員工認識到 AI 首先不是一種提高利潤的工具,而
是一種創造永續價值的長期投資。

◆ 保持對 AI 的永續觀點,協助數據科學家更專注於數據
品質,而非數據數量。

◆ 持續了解 AI 的進展,以確保 AI 的使用在溝通中仍以
目的為導向。

3

促進包容

INCLUSION

以包容的方式工作，
推動人類與 AI 協作

在工作場所中採用 AI，將有可能會削弱人們的包容感。隨著智慧型機器可執行以前知識工作者的任務，使現在的員工擔心自己不再是組織中重要的利害關係人，甚至可能隨著時間的推移而被排除在外，這種擔憂是有充分理由的。與人類相比，AI 不需要任何醫療保險和退休計畫等福利；也不會在週末和假日休假。同時，人類與 AI 的整合工作通常由 IT 部門負責監督，而非人力資源部門。這種安排隱含的訊息是，組織多少將員工與 AI 視為可互換的商品。事實上，現今組織正盡可能把更多的任務自動化。未來自動化需求將大幅飆升，各行各業中 80％的組織將以追求超級自動化，作為主要的技術目標。❶因此，愈來愈多人意識到，這種對自動化幾乎無限制的投入，正在創造一種現實，即 AI 將在幾乎不需要任何人工輸入的情況下運作。

從效率與經濟的觀點來看，不難發現 AI 自動化的自我學習能力是如此誘人，以至於企業領導人在部署 AI 時，往往沒有認真思考包容性的問題。在採用 AI 的情況下，包容性意味著員工需要知道他們是組織的正式成員，而且在工作中能夠感到自在、自信地以人類的身分工作，並因為他們對人類特有的貢獻而受到重視。

當你思考 AI 帶來的效率提升時，包容性可能不是你的首要考量。但熟悉 AI 的領導人會將包容性視為核心，因為他們知道，如果不解決包容性的問題，AI 部署將會受到影響。當企業導入 AI，如果員工感到被排除在外，很可能會導致不好的結果。當被排擠在外的員工變得厭惡與 AI 共事、對功能不信任、抗拒 AI 所帶來的改變，以及形成孤島效應時，組織就很難從 AI 中獲得員工希望的價值。作為一位精通 AI 的領導人，你有責任思考包容性的議題。如果你遵循本章所列出的步驟，你將可以確保組織的 AI 採用過程不會受到阻礙。相反地，你將能夠讓人類與機器協同工作，在提升績效的同時，讓組織成為一個人性化且具包容性的職場。

人類應在 AI 圈內，還是圈外？

在 AI 採用過程中，將人從技術環節降至最低，這種做法會讓企業營運由電腦驅動而非人類主動參與。這種模式對於 AI 和企業營運而言，都是不佳的領導方式，把人類排除在外，意味著你將無法有效掌握 AI 創造商業價值的潛力。

在這種模式下，人類就像機器一樣被對待，只專注於他們對效率的價值，並被推入僵化的工作結構中，要求他們在 AI 的監督下執行任務，這種工作結構減少員工對其工作的控制，進而降低他們的工作動機與績效。隨著 AI 推動工作節奏，工作的難度和複雜度可能會增加，因為 AI 能夠快速處理簡單的工作，並要求人類為更複雜的任務提供回饋。然而，如果員工不夠積極，這種回饋的品質將會受到影響，並削弱 AI 在提升工作效率和組織生產力的價值。

　　例如，不久之前，我的一位同事向她往來的銀行申辦一張信用卡，行員協助她坐下後，表示他會詢問銀行電腦的演算法，決定她是否符合申請資格。我的同事擁有高收入且信用良好，並從事專業工作。當行員告訴她，演算法判定她不符合資格時，她感到非常驚訝。當她要求提供更多解釋時，這位行員態度並不積極，只表示該項決定是根據事實，他無法做出更多補充。最後，他還喃喃地說，他又不是機器，她為什麼要指望他能看透演算法的想法。顯示這位行員覺得自己無法掌控手邊的工作，心態明顯消極，而且也無意讓我同事理解演算法的決定（這是人類而非 AI 的能力）。將人從技術排除的結果，導致了糟糕的顧客服務。

　　未來更具永續性的商業模式，會轉變為人類與 AI 協作、包容的互動方式，尤其是在認知要求較高的任務上。❷ 在此過程中，AI 透過其卓越的認知與分析能力，讓員工的工作變得更輕鬆。例如，AI 可以幫助工程師編寫更好的程式碼，並為銷售

人員提供即時回饋，讓他們知道如何改善與客戶的互動。為了
確保員工在這種情況下保持高度的動力，組織需要確保員工
參與設計人機協作的工作環境，然而，大多企業還未做到這
一點。❸ 有了 AI 這個同事，工作模式改變，員工需要適應。
組織應盡可能告知員工有關 AI 的運作方式，並建立對 AI 與人
類各自優勢的理解，透過這樣做，才能創造一個 AI 和人類可
以互補長短的工作環境。

　　這些協作模式已經以不同的形態和模式出現在組織中。一
種狹義的人機協作形式是，AI 的主要任務是完全接管例行工
作。我們可以看到 AI 接管高度標準化的工作，譬如，篩選履
歷以找出有潛力的求職者，或是篩選醫療掃描影像以偵測癌細
胞。而人類則運用其獨特的能力來感知、檢視、想像未來的情
境，以及監督、規劃和使用 AI 所識別出的模式。❹ 未來更有
價值的協作形式，是員工與 AI 在工作現場更頻繁、更持續地
互動，AI 成為人類的同事。例如，隨著大型語言模型的出現，
人類與 AI 正以迭代和互動的方式協作，創造新穎的內容、想
法及藝術。人們向 ChatGPT 等系統提供提示，AI 系統則透過
建立對話、提供文章或想法來回應，而這些互動會持續一段時
間。同時，大型語言模型也會與其他類型的 AI 互動，以創造
文字、視覺和音訊內容，甚至為其他智慧型機器生成程式碼。

　　在後面的例子中，人類與 AI 協作的真正價值顯而易見。
試想一下，我們只讓電腦負責提供程式碼給其他智慧型機器。
這種人機智慧分離的做法，最終是為組織服務，還是會造成
問題，久而久之適得其反呢？最近的研究顯示，這種將人類
排除在 AI 生成程式碼的循環之外，而非將其納入其中的情
況，可能真的會出大問題。紐約大學網路安全中心（New York
University Center for Cybersecurity）研究人員進行一項研究，使用
一套 GitHub 開發的程式碼自動生成工具 Copilot，編寫出 1,692
個軟體程式。研究人員發現，其中有 40％的程式出現嚴重的安
全漏洞。❺ 因此，在整個 AI 圈中，只有電腦，而沒有人類程
式設計師參與的情況下，可能會造成重大的安全威脅，並破壞
組織的聲譽和運作。

　　**對組織而言，人機協作的互動，代表著最有前景的工作方
式。**對你來說，重要的決策是使用何種策略，以便在學習型機
器日益普及的情況下，未來仍能創造包容性的職場，具人性化
且尊重他人。

為什麼包容性能推動 AI 的採用

　　採用包容性方法將帶來 3 大好處：讓員工覺得自己可以掌

控 AI 的採用過程、降低他們對 AI 的反感,以及增加他們對這項工具的信任。所有這些成果都將有助於 AI 更有效地融入員工的工作流程,並增加 AI 採用策略在整個組織中成功創造價值的可能性(而不是只建立各自為政且微乎其微的效果)。

讓我們來詳細了解這 3 種成果。

自主感

要具備良好的商業意識,你需要說服員工相信 AI 屬於組織,因為採用 AI 符合他們的利益。如果員工覺得自己被排除在採用 AI 的決策過程之外,他們必然會感到缺乏自主,並因為技術的存在而感到備受威脅。由於缺乏自主權,員工就不會覺得自己有責任,也不可能全心跟隨你想要設定的 AI 採用軌跡。

該怎麼做?例如,**讓員工參與 AI 系統的設計和部署,可以大幅提高他們的自主感。透過融入員工的觀點與回饋,可以設計出直覺、易用且支援員工日常任務與職責的 AI 系統。**這種客製化的程度可以增強員工對於 AI 的自主感,因為 AI 成為服務員工的工具,進而增強員工的自主權,而不是強迫他們接受僵化、技術驅動的控制機制。

減少反感

　　研究顯示，人類很容易對演算法產生反感，他們通常更喜歡與人類合作，並從人類那裡獲得建議，而不是 AI，即使 AI 系統被證明比人類更優異。❻ 你必須意識到這種偏見，並認識到員工對於 AI 的存在不會理性反應，而會做出情緒化反應。這種非理性反應背後的驅動力是，人類在面對與自己幾乎沒有相似之處的非人類實體時，很快就會感到不自在。

　　作為領導人，你希望以包容性的方式採用 AI 時，你需要將自己定位為人類與 AI 互動的調停者與促成者。一方面，你需要確保員工獲得足夠的支援與訓練，以便有效地與 AI 系統互動；另一方面，如果員工與 AI 的互動出現問題，你也需要為員工創造足夠的機會與人類對話（而非聊天機器人！）。當你能讓員工覺得他們真正參與到你將如何應用 AI 工作時，他們對這項新的智慧型技術就不會那麼反感。

增加信任

　　員工對 AI 愈來愈缺乏信任，這種情況令人擔憂。因為員工對技術缺乏信任，很快就會讓你和組織付出高昂的代價。例如，當員工不信任 AI 系統時，他們會拒絕接受系統的建議，或是浪費大量時間與精力，以懷疑的態度審查系統之後，才接受建議。最近，各界試圖透過提升 AI 運作方式的準確度、模型效能、數據品質及透明度，來彌補對 AI 缺乏信任的問題。❼ 譬如研究顯示，當人們看到 AI 系統明顯的錯誤時，他們會無法容忍，信任度也會顯著降低。❽ 不過，儘管在準確性與效能等功能上努力改進，調查仍顯示，員工對 AI 的信任度持續下降。❾ 澳洲昆士蘭大學管理學教授妮可‧格里斯佩（Nicole Gillespie）及其團隊發現，全球近一半的員工在工作中不信任 AI。❿ 這種不信任導致員工不太願意採用 AI 的決策和建議。

因此，讓員工參與你的 AI 採用計畫，在建立對 AI 的信任方面非常重要。例如，為了消除員工對於黑箱作業的擔憂，我們可以清楚說明 AI 系統是如何做出決策，這樣可以幫助員工認為此類系統值得信任。然而，重要的是，要取得有關 AI 系統內在邏輯的解釋，並將這些解釋以非專業使用者可理解的方式呈現，需要相當多的技術努力。正因如此，你必須與分析團隊密切合作，隨時掌握 AI 可解釋性技術的最新發展。然後，你可以運用這些技巧來確保始終為員工提供事實且清楚易懂的說明，讓他們了解 AI 系統是如何運作。此外，透過公開透明地討論 AI 的好處、限制和預期用途，你可以幫助員工揭開 AI 的神祕面紗，並減少他們的疑慮。接著，透過幫助員工了解 AI

能為他們做什麼，以及不能為他們做什麼，你可以協助員工更進一步理解他們應該信任 AI 的基礎。

但只有當你自己的領導被信任的時候，任何增加包容性感受的努力才會奏效。換句話說，如果你在自己的領導地位上得到信任，能夠在組織啟動的 AI 採用過程中重視員工的包容性議題，那麼這種努力就會發揮作用。簡而言之，如果領導人的用意與行動不值得信賴，他們就無法說服其他人接受不同的工作方式（與 AI 協作），或是致力於學習整合業務與 AI 專業知識的共同語言。

作為一位熟悉 Ai 的領導人，要促進包容性，就必須具備讓他人信任你的領導力。要將自己打造成為值得信賴的領導人，關鍵始於了解他人如何決定信任你。畢竟，信任是主觀的。❶ 這意味著身為領導人的你，需要讓員工認為你是一個有能力的人（對 AI 有足夠的了解，能夠清楚溝通）、誠實的人（能夠提供公開透明和準確的資訊），以及仁慈的人（在採用 AI 的過程中，首先關心員工的利益）。❷

採用 AI，如何為包容性帶來挑戰

員工認為，當前的組織不想再接受人類的缺點，因此需要拋開人的工作方式。當然，這樣的預期心理對員工構成重大威脅，進而讓你的員工感到挫折。這種挫敗感加劇是很危險的，因為它們可能會導致適得其反的行為。例如，Uber 司機對於指導他們駕駛的 AI 感到沮喪，他們要麼找出巧妙的方法來繞過 Uber 的演算法，要麼直接操縱演算法，透過人為哄抬價格來獲取更多報酬。❸

或者，公司讓 AI 解決簡單的客戶問題，卻將客戶不滿的情緒留給員工來應對，結果往往加速客服中心員工的離職率。而且有趣的是，這些客戶之所以不開心，一開始就是因為 AI 無法幫助他們所致。如果你不加思考地將所有重複性和基於規則的任務自動化，卻將工作中最困難、通常最需要情緒處理的部分交給人力處理時，那麼你將會種下禍因，助長焦慮，並損害員工福祉。而這種趨勢已經開始發生。研究顯示，自動化程度愈高，員工的健康狀況就愈差，工作滿意度愈低，整體的幸福感也愈低。❹

缺乏包容性甚至會引發員工主動抵制。例如，亞馬遜（Amazon）包裝中心的員工改由 AI 演算法「監督」之後，工作時變得更容易受傷，工作環境的步調也快到不合理的地步。這些員工被迫要達到不合理的生產力目標，幾乎沒有休息的機會，而且如果未達標，就可能遭到演算法不分青紅皂白地解僱。員工們深感挫折，於是聯名請願，在倉庫外面集結，齊聲高呼口號：「我們不是機器人！」的確，正如一位員工一針見血地說道：「公司只在乎生產力，不在乎員工。公司關心機器人勝過於員工。」❺

　　我並不是說，當 AI 干擾了員工的習慣和偏好時，你應該順從他們的抵制而完全放棄使用 AI。如果你想要改變現狀，就必須讓員工走出自己的舒適圈。關鍵在於，如果你想要避免員工產生抗拒感，你既要將他們推出舒適圈，又要加倍努力確保他們了解你為什麼要推廣這個 AI 工具，還要讓他們知道你打算在這個轉型期間怎麼照顧他們。在這種情況下，你需要保持耐心，因為員工需要時間和精力來認識 AI，並了解 AI 如何幫助他們的工作。

　　除了引起員工的抗拒之外，AI 的採用也可能會深化組織裡各自為政的現象，使其變得積重難返，進而削弱組織的包容性。這種排斥可能會以幾種方式發生。首先，由於理解和操作 AI 系統所需的深度技術專業知識，通常只存在於技術團隊中。因此，其他團隊（譬如人力資源、營運、行銷）的員工在嘗試與新的 AI 同事進行有效互動時，會面臨障礙。這是一個問題，因為其他團隊需要技術知識，才能以對他們自己的業務前景和目標有意義的方式來運用 AI。

其次，數據的所有權和存取可能是不同部門之間的爭議問題。AI 系統非常倚賴數據來進行訓練與決策，但不同部門可能都擁有自己的數據資料庫，而且他們可能不願意或無法與其他部門分享數據，這種數據分散的情形將會進一步深化組織裡各自為政的現象。最後，AI 系統對不同團隊的衝擊也會有所不同。有些團隊可能比其他團隊覺得 AI 更好用，而有些團隊則發現 AI 被用來自動化的任務較其他部門還多。當不同的團隊或多或少感受到運用 AI 所帶來的威脅（或幫助）時，這些差異可能會表現為孤立的行為，即員工為了保護自身的利益而抗拒協作與分享資訊。

這種互動的結果是，商業專家和 AI 專家各做各的工作。人們的心態會閉關自守，活在自身的專業領域中。在各自為政的情況下，分析專家將主要專注於自己的任務與要解決的問題，這些都是他們特定的需求，因而會忽略更廣泛的組織目標和宗旨。此外，當組織內部存在孤島效應時，各部門或團隊可能會以不同方式採用 AI，資源將會重複配置或沒有得到充分利用，這會限制 AI 在整個組織中擴展和發揮作用。不同的團隊也可能會彼此獨立蒐集、儲存與管理數據，導致數據相互矛盾、重複，或者數據集不完整，所有這些問題都會阻礙領導人充分發揮數據潛力的能力。

　　最後，當不同部門各自為政時，組織就會減少跨職能協作與跨領域問題解決的機會，而這些都是協助 AI 推動跨部門專案，進而達成組織整體目標的必要條件。例如，如果出現各自為政的心態，數據可能會由單一部門控制，或者每個部門將自己的數據封閉，並使用不同類型的數據歸檔或資料庫。無論是哪一種情況，都會阻礙組織內不同團隊有效使用數據，以及得出有用結論和建議的能力。作為一位包容性領導人，你必須強調在這種情況下協作的重要性，並推動科技和組織解決方案的落實，例如，運用雲端工具將數據集中處理，以便進行分析。

　　如果你在採用 AI 時未注意到包容性，員工將會感受到不必要的挫折、焦慮和怨恨，這些情緒會促使他們做出抗拒或其他適得其反的行為，他們可能會退回到各自為政的狀態，進而無法有效地協作，以開啟 AI 為組織帶來的益處。

　　身為了解 AI 商業意義的領導人，要因應這些挑戰，你需要找到方法，將你的 AI 採用專案塑造為員工的包容性旅程。讓我們來看看如何實現！

如何在 AI 採用過程中實現包容性

　　身為企業領導人，你希望讓員工感受到自己是組織中完整的一份子，在與 AI 協作的同時，也能展現人的活力。為了達成此目標，你應該從 4 個步驟著手，我們會在接下來的篇幅中加以探討：

- ◆ 創造空間和時間，與他人建立社交連結。
- ◆ 促使科技團隊與非科技團隊並肩協作。
- ◆ 養成你自己的領導技能和包容技巧。
- ◆ 獎勵員工展現人性的一面。

創造空間和時間，與他人建立社交連結

研究顯示，當人們與 AI 協作時，經常會感到孤獨和隔離。[16] 為了將 AI 應用於工作，人們必須坐在電腦螢幕前，花許多時間與機器溝通。這些活動限制了他們與其他人的社交互動。例如，線上核保人員負責評估壽險保單申請，他們的工作是以 AI 系統為基礎，從未親自拜訪申請保險的人，而只是與 AI 系統中的數據互動。[17]

皮尤研究中心（Pew Research Center）最近的一項民調顯示，人們對於 AI 出現在生活中的主要顧慮之一，是 AI 會導致他們與其他人隔離。[18] 因此，你的另一項重大任務，就是負責培養

那些經常與 AI 互動的員工的社交連結。你可以創造員工之間的社交互動機會，將此作為工作生活的核心部分。人際互動可能是你在疫情後一直在思考的問題，在 AI 科技影響工作之前，你已經在努力找出實體工作與遠距工作的最佳配置。AI 的孤立效應使人際連結變得更加迫切。

你可以透過在組織內與組織外舉辦社交活動、成立線上社群，來鼓勵人與人之間的互動。例如，線上核保人員核發保單時，往往完全沒見過申請人。保險公司可以在他們的工作時間表中，加入每週與其他核保人員，以及他們所使用的 AI 系統建置人員召開會議，以討論系統可能的改進之道。同樣地，Uber 的司機經常受到演算法監督，因此，覺得自己被剝奪了人類身分。但是，現在 Uber 讓他們需要協助或發生問題時，可以打電話給組織其他人進行討論。❶⑨

促使科技團隊與非科技團隊並肩協作

作為一位熟悉 AI 的領導人，你應該知道人類與 AI 協作成功的關鍵在於跨領域協作。你不應該讓科技專家與商業專家退守到各自的角落，無論是實體抑或虛擬的角落中，各自執行獨立的任務。

打破各自為政的心態，並建立多元化的團隊，為採用 AI

而共同努力。例如，商業專家可以向科技專家說明必須達成哪些業務目標，而科技專家則可以建議必須使用哪些 AI 系統。同時，人力資源人員可以讓員工熟悉即將使用的 AI 系統類型，以及需要哪些技能；而營運人員則可以嘗試將人類與 AI 協作的整個工作流程，整合到組織結構之中。

　　當然，**要領導如此多元化的團隊，並將他們凝聚在一起，你需要獨特的溝通技巧**。你的溝通應該容許並整合多元的觀點。每當人類與 AI 互動、科技專家與商業專家互動時，清晰且易於理解的溝通比以往任何時候都更加重要，而你可以推動這樣的討論。你可以透過採用整合性的思考模式，來增加你所傳達訊息的影響力。你可以透過全新的方式看待 AI 的採用，將科技和商業觀點結合在一起，進而解決它們之間的緊張關係。例如，作為一位企業領導人，你可以先向科技團隊與商業團隊解釋組織的需求，以及為什麼它們對公司很重要。有了這種理解，你就可以簡要說明需要哪些科技專業知識來滿足這些需求，以及科技專家將如何加入商業流程，以達到預期的結果。最後，你可以確定將使用哪種類型的 AI（請參閱第 1 章），來分析哪些數據，並藉此設立試點專案。然後，你可以與組織內的其他人討論此專案的結果，透過這些討論，你可以蒐集回饋意見，以改善將 AI 整合到公司業務工作的後續步驟。

　　這樣的思維模式可讓你將 AI 知識與你的商業專業知識結合，這樣你就能利用整合性的角度，找出可能會使協作變得複雜化或無法實現的障礙。因此，作為一位深思熟慮的領導人，你應該努力成為一名將數據分析的結果轉化為商業價值的橋梁。[20] 這樣的角色有助於促進企業領導人和科技專家建立共通的語言和理解，讓他們知道如何處理問題、找出模式、將重大問題分解為小問題，最後再找到共同的工作方法。

　　如果你沒有努力做到這個橋梁的角色，你的團隊可能無法產生凝聚力，而你試圖培養的包容性文化也可能會逐漸消散。我在一次會議中見證了這一點。當時一家國際金融機構的科技長向公司介紹新的科技策略，他的簡報才開始幾分鐘，執行長就打斷了他，執行長表示完全聽不懂科技長在說什麼，要求他以 3 個重點簡單扼要說明。這對科技長而言相當難堪，科技團隊從此退卻，停止了溝通，IT 部門不再嘗試與高階主管溝通，高階主管們對執行長的信心降低，因為大家認為他無力帶領銀行完成他們心目中的 AI 採用專案。

　　執行長對於 AI 沒有足夠的認識（第 1 章），也沒有將 AI 與公司的目標連結（第 2 章），最糟糕的是，他沒有培養出包容心態，因此，無法幫助科技長與業務部門相互理解溝通。執行長不夠熟悉科技，無法維護商業利益。可想而知，這項專案宣告失敗，執行長在經歷上述互動事件的隔年，也離開了公司。

養成你的領導技能和包容技巧

要讓員工覺得自己被容納到你的 AI 採用專案中，你的領導風格必須能顧及到員工與 AI 協作時，可能經歷的不確定性和不安的感覺。因此，作為一位熟悉 AI 的領導人，**你應該要讓員工覺得你願意打開耳朵，傾聽他們對人類與 AI 互動的顧慮**。你的開放態度將可防止員工對如何完成工作變得冷漠和封閉。我與同事的研究指出，如果領導人能夠保持謙卑且願意傾聽，員工確實會更願意信任 AI，並與 AI 建立工作關係。**㉑**

以微軟執行長薩蒂亞・納德拉為例，他非常擅長運用同理心來促進包容。2014 年，他升任執行長所做的第一件事，就是讓員工意識到，無論微軟過去有多成功，他們都應該對新構想和其他工作方式保持開放的心態。要求員工改變思考方式，需要勇氣，但這也顯示謙卑的重要性。他向員工傳達的訊息清楚表明，他也有知識上的缺口。培養謙卑的態度有助於你成為更好的領導人，告訴員工，他們不應該害怕接受他人的回饋意見。領導人的謙卑態度也會鼓勵員工定期與不同部門的專家會面交流，以便他們理解與認同目前在組織裡發揮作用的各種觀點。

　　你的另一項重要任務是引導員工理解 AI，以及 AI 與他們之前使用過的任何工具有何不同。與智慧型機器打交道，需要一種不同於與人類合作的做法。首先要了解員工對 AI 的看法，他們有時會認為 AI 相當陌生。我們不了解它是什麼，也不知道它是如何運作的。為了實現真正的人機協作，員工需要建立一種有效的方式，來思考如何與智慧型機器一起工作。沒有領導人的支持，他們無法實現這種協作。

　　我們已經在其他地方看到，當員工嘗試使用其他技術達到相同目標時，AI 與科技的協作是如何提升。例如，飛航安全專家認為，飛行員在駕駛配備協作式自動駕駛系統的飛機時，需要接受更多的訓練，因為他們「必須對飛機及其主要系統有基本理解（即心理模型），並了解飛行自動化系統的運作方式」，才能處理可能演變成災難性墜機的問題。❷❷

　　職場中的人機互動也將是如此。唯有當員工清楚了解自身與 AI 工具的強項與弱項時，他們才能學會如何利用 AI 增強他們的工作表現。例如，身為領導人，你需要確定 AI 的具體優勢，如透過節省時間和自動化重複性任務來幫助簡化工作。你還應該闡明，之所以需要如此運用 AI，是因為你將依賴工作團隊的人力優勢來處理更重要的工作，你的員工可以對公司正在推行的專案提出更嚴謹的意見。只有人類才能識別出自動化啟動後對利害關係人可能造成的潛在後果，並針對業務解決方案提出更具創意的想法，進一步激發公司的創新潛力。

獎勵員工發揮人類獨有的能力

員工想要知道，你如何看待他們在人類與 AI 協作過程扮演的角色。更重要的是，他們也會想要知道，自己如何因為這種協作為組織創造價值而獲得獎勵。當人類與 AI 協作並創造共同價值時，你必須制定清楚的準則，說明哪些人會因為什麼事情得到肯定。例如，隨著 ChatGPT 的導入，組織可能會淡化人類的貢獻，而將新興的創意工作成果主要歸功於 AI。

另一個例子是，2022 年在科羅拉多州博覽會（Colorado State Fair）的藝術競賽突然成為全球新聞，起因是一名桌遊設計師傑森・艾倫（Jason Allen）使用生成式 AI 創作的一幅畫贏得了比賽。這幅畫作名為〈太空歌劇院〉（Théâtre D'opéra Spatial），是設計師與 AI 共同完成。藝術評論家和藝術家很快就貶損艾倫，認為他只是「按幾個按鈕，就做出數位藝術作品。」[23] 對這些評審來說，這件作品人類只是附帶的角色，不是真正的創作者。但現實要複雜得多。艾倫投入了大量的時間來改善他對 AI 系統的提示，並使用多種數位工具。

為了確保員工感受到包容，你應該讓他們分享 AI 與他們協作、創造價值所帶來的獎勵。你需要強調的是，就你的觀點來看，我們是否能有效地運用 AI 工具非常重要，因此，表現出色的員工應該值得給予適當的報酬。

　　現在你已經了解包容性對員工的重要性，以及在採用 AI 時如何實現包容性。在下一章，我們將探討如何在組織的各個層級間分享資訊。資訊在不同層級的團隊之間自由流通，將可確保以最有效率且最可行的方式管理與使用 AI。

4

加強溝通

COMMUNICATION

建立扁平化的溝通文化，
有利組織推動與採用 AI

為了確保 AI 系統所依據的數據及其所產生的預測是可靠、準確且可執行的，領導人必須盡可能提供機會，仔細檢視、評論及改善數據的輸入與輸出。以數據來推動的決策，需要為複雜的問題提供更好的解決方案，並提升組織的整體靈活性與績效，而熟悉 AI 的領導人知道，他們的溝通策略將發揮關鍵作用。

領導人在確保 AI 採用能夠營造一種高效、透明和參與式溝通文化中，扮演著關鍵角色。如果領導人對於如何推動這種參與式溝通文化，沒有明確的想法和策略，AI 採用計畫將會失敗。這種情況，我之前已經見過很多次了。

例如，當我為一家國際製造公司提供諮詢服務時，企業領導人告知不同部門的主管一些早期的機器學習預測，這些預測顯示某些客戶的需求。領導人簡單扼要說明，在接下來的幾個月中應該採用的策略。

但市場因傳言有潛在的新競爭對手將進入而變得不穩定，問題很快就出現。首先，數據科學家不了解新業務競爭對手的業務動態，因此沒有要求增加投資，以調整模型或挖掘新的或不同的數據。其次，企業領導人只與部門主管交談，而部門主管與客戶的互動甚少。最後，與客戶有日常互動的員工，卻沒有直接的溝通管道來反映需求和客戶期望是否正在改變。有價

值的客戶資訊一直留在組織的底層。結果，用於進行初步預測
的數據未能得到更新，影響客戶需求和滿意度的市場變化也被
忽略了。直到 6 個月後，當年度調查顯示，公司正在流失客戶
時，員工才注意到這些變化。再次強調，問題不在於 AI 本身，
只要有正確的資訊，AI 就會採取不同的方法，問題在於溝通架
構——層級分明、由上而下，而且缺乏包容性。

　　領導人必須建立與前述溝通架構相反的方式，以確保資訊
更快速地流通：使組織扁平化，讓更多員工參與對話，鼓勵由
下而上的資訊流通，並減少來自中層管理階層的行政瓶頸。如
果每個相關部門都能成為對話的一部分，就可以為更好的資料
管理、分析、決策和策略實施做出貢獻。如果領導人無法建立
這樣的溝通文化，那麼組織就會因為忽視風險和使用錯誤的 AI
生成預測，而失去競爭優勢。

　　我將簡要說明幾個步驟，幫助領導人建立一種溝通文化，
讓有關 AI 使用的資訊和回饋能快速流通，並能夠快速做出更
好的決策。

企業領導人如何推動回饋和資訊交流

　　為了塑造扁平化和參與式的溝通文化，你需要像交響樂團

的指揮一樣思考和行動，負責讓樂團的所有成員在音樂會中演奏。身為指揮，你必須協調樂手，讓樂器彼此溝通，展現出連貫一致的樂曲。同樣地，熟悉 AI 的領導人必須監督並引導各階層與專家之間的溝通，才能在整個組織中成功導入 AI。以下是我所見過的企業領導人像交響樂大師一樣，打造有效的扁平化和參與式溝通文化的一些方法。

向專家積極徵求回饋意見

仔細聆聽專家的意見：他們對技術瞭如指掌，並能協助你以精確又平易近人的方式向非專業人士解釋。你可能會想，「我沒有這樣的人」或「我不知道他是誰」。如果是這樣的話，那就去找到那樣的人，或是僱用他們。雖然 AI 技術複雜，但非專業人士仍需要知道 AI 的運作原理，以確保他們在部署 AI 時能夠創造商業價值。來自專家的建議必須以非技術性的方式呈現，這樣才能就 AI 的運作方式，以及為什麼它對企業有利，進行良好、坦誠的對話。

這或許是個不錯的建議，但要獲得專家的回饋並不容易。例如，與我合作過的一家金融機構當地分行的執行長，對於公司總部推出的新 AI 導入計畫感到非常興奮。他不是技術專家，常常向人表示自己參加過一門「商業中的 AI」線上課程。當該組織開始調整幾個工作流程以適應新的 AI 系統時，舉行了一場全體員工大會，讓執行長說明預期的變革。他的科技長主動提出要與他開幾場會議，說明正在使用何種 AI，以及 IT 部門希望在數據分析方面達成什麼目標。科技長認為，讓執行長了解技術人員的觀點會很有幫助，這樣他就可以將這些觀點轉化成適合其他員工理解的商業敘述。

執行長感謝科技長的好意，但他有信心，因為他上過那門 AI 商業課程，自認已經掌握這方面的知識。最終，執行長的簡報成了一場災難，內容過於抽象且不連貫，沒有說明 AI 將如何融入工作環境，以及這些改變對員工的意義。當他被問到有關數據管理、人力資源的角色，以及如何提供培訓的問題時，他才意識到自己應該事先從專家那裡取得更多資訊，但為時已晚。

之後，我和他見面。他告訴我，這次的經驗讓他意識到，如果在導入 AI 過程中沒有諮詢專家的意見，基本上也是在告訴他們，如果導入 AI 專案出了問題，就不要介入。

身為領導人，你必須確保你有一個科技團隊，讓他們覺得可以對當權者說真話。你希望邀請他們對你向組織傳達的訊息提供回饋，這將有助於確保你不會誤解技術能力，並能將你的策略和願景與 AI 的實際能力對接。為了確保你的專家有動力坦誠發言，你必須定期與他們交談、提出問題，並聽取他們所指出的問題或挑戰。

你可以先詢問組織中哪些團隊最適合取得有關如何採用與擴展 AI 專案的實際知識，以及他們的知識與其他人的知識有何差異或互補。透過找出一個或幾個最擅長採用 AI 的團隊，你就可以依靠他們來帶領和傳播，加速其他團隊採用 AI 的速度。雖然每個組織的情況不同，但以下通常是最具潛力的選擇對象：

◆ **數據科學家**：他們擁有最深入的技術知識，了解貴公司的 AI 系統如何運作，以及其明確設計要追求的參數和目標。如果系統出現偏差、效率低或不安全，數據科學家會是第一個知道的人。以下是幾個你可以先向他們詢問的問題：以簡單明確的方式說明，我們想要採用的 AI 系統有哪些技術特點？可以採取哪些技術措施來維持系統穩定且安全地運作？我應該注意哪些 AI 發展的未來趨勢？

◆ **領域專家**：他們思考的是 AI 系統要解決的問題。例如，如果你使用 AI 來簡化招募流程，相關的領域專家就是你的人力資源團隊。或者，如果你要使用 AI 來優化庫存管理，那麼相關的專家就是你的物流與營運團隊。這些團隊最能了解 AI 系統在處理業務問題上的表現好壞、如何正確定義要解決的問題，以及如何將 AI 解決方案整合並落實到業務流程中等等。這裡有幾個問題可以作為開端：你所在領域中，有哪些迫切的問題可能會受惠於 AI 解決方案？哪些現有的最佳實踐做法可能會被 AI 解決方案打亂，我們可以採取哪些措施來保留這些做法？

◆ AI 產品或專案經理：他們具備領導跨學科團隊的必要經驗，能夠將 AI 的概念從定義並實現，直到投入生產和產生業務影響。因此，這些經理最能夠全面了解業務限制如何轉化為技術限制，以及如何將這些轉化過程做得更好。可以問幾個問題：將 AI 解決方案轉化為可在〔領域 X〕中運作時，你預見有哪些迫切的問題？我們可以做些什麼來協助 IT 專家和領域專家更有效地合作？

◆ AI 政策或治理專家：他們了解 AI 採用的監管與政策層面，例如，隱私權與數據管理、AI 偏見與透明度，以及 AI 的不道德使用案例等相關問題。因此，他們能夠深入了解員工與客戶對於採用 AI 的疑慮，以及解決這些疑慮，可能需要採取哪些措施。以下有幾個問題：我們想要採用的 AI 系統有哪些亟待解決的倫理與治理疑慮？我們該如何有效解決這些疑慮？圍繞 AI 有哪些重要的監管趨勢，我們該如何主動應對即將實施的法規？

當然，僅僅找出這群人是不夠的。你還需要建立一個可以自由交換想法和意見的共享平台，讓這群人致力於審查和挑戰你的 AI 採用計畫，並及時與你分享他們的擔憂和建議的解決方案。這裡沒有快速解決辦法。

確保訊息傳達給每個人，並建立共同的責任感

為了確保有關導入 AI 的實際知識能在整個組織內有效共享，你需要建立數據民主化的文化。在這樣的文化中，數據被視為一種集體資產，所有相關人員都可以存取並擁有它。

隨著數據民主化，數據的擁有權從分析部門轉移到所有決策者手中，這不僅是一項共同的努力，同時也是共同的責任。事實上，當資訊在組織內廣泛共享時，不同部門與決策者之間需要互信，所有相關人員都可以放心分享他們的問題和疑慮；這種開放的溝通環境將有助於組織優化其數據分析和決策。同時，當數據成為集體資產時，各方也必須彼此信任，因為更迫切需要保護所有相關部門和決策者的隱私與權利。企業領導人需要知道如何在完全遵守法律的前提下，管理機密資訊，同時

尊重每位參與者的尊嚴。為了釋放共享資訊對每個人的價值，你必須意識到在組織內管理這些資訊的重要性。

然而，建立這樣的文化，也會面臨獨特的挑戰。值得注意的是，AI 驅動決策的出現，要求企業領導人透過強大、有效的溝通策略，建立新的信任水準。事實上，你的溝通方式顯示了你在部署 AI 時計畫採取的行動。以下方法可確保你在與 AI 共存的工作環境中，成功溝通並建立信任。

保持一致且完全透明的溝通。跨團體共享資料，通常是一件敏感的工作，需要清楚地溝通如何處理這些訊息，公開透明地解釋資訊和數據共用的必要性，以及如何管理這個共享過程。你必須在溝通過程中保持一致，並遵守你制定的協議和規則。例如，如果你要求每個部門與 IT 部門分享的回饋類型應記錄下來，那麼你自己也需要這樣做，並讓整個組織都能得知你的溝通內容。

承擔責任。你的工作就是邀請公司內各個部門和專家提出不同的觀點，以確保數據科學家能得出最全面的商業解決方案。但有時候，分析可能會揭示出一些預測，導致決策失誤。為了鼓勵商業專家和分析專家在這種情況下繼續合作，應避免相互指責，由自己承擔失敗的責任。例如，如果 IT 團隊與人力資源團隊之間的溝通出現問題，導致以 AI 為基礎的招募系統部署不完善且具偏見，請不要使用廉價的藉口和理由。相反地，你應該以負責任的一方自居，然後努力在兩個團隊之間建立溝通橋梁，共同改善這個系統。

經常進行公開溝通。AI 領域的進步，以閃電般的速度發生，讓你的員工擔心導入 AI 會對他們的工作造成影響。熟悉 AI 的領導人需要隨時發出組織正在思考科技進步的訊息，並主動解決員工可能會產生的潛在恐懼感。經常討論商業和 AI 領域正在發生的事情、組織對這些發展的看法，以及這一切與員工的相關性。重要的是，這個步驟不只是要溝通你對正在發生事態的想法和觀點，也要對問題採取開放的態度，並根據要求進行正式和非正式的對話。例如，如果你即將採用新的 AI 績效監控與評估工具，請不要等到該工具已經部署完成後，才開始與員工討論並蒐集回饋意見。相反地，在你開始集思廣益，討論採用此工具的可能性時，就應該與更多不同的員工交談。比方說，你應該與人力資源團隊溝通，釐清這類工具究竟應該或不應該用來強化人力資源流程。你也應該與員工溝通，了解並消除他們對於被演算法監控和評估的疑慮。

消除資訊自由流通的障礙

為了建立扁平化、參與式的溝通文化來促進 AI 的採用成功，組織需要盡可能擺脫官僚作風，要讓 AI 在階級分明的組織中運作是很困難的。寶貴且有價值的數據和知識分散在太多地方，AI 無法在所需的時間內跨越這些層級，並突破訊息孤立的狀態，從演算法中獲取價值。此外，雖然導入 AI 是為了提高效率，進而降低成本，但過多的官僚作風只會增加這些成本。倫敦商學院客座教授蓋瑞・哈默爾（Gary Hamel）透露，組織傾向於設置過多的官僚架構，導致美國經濟損失超過 3 兆美元。❶

我確信，大多數組織都有減少官僚主義的意圖，但在我合作過的公司裡，這種情況似乎沒有發生。AI 會促使組織變得更扁平化嗎？答案尚不清楚，諷刺的是，AI 本身就可以用來使組織扁平化。現今大部分的行政職能都涉及到數據管理，而 AI 可以輕易取代這些職能。❷ 許多組織正在將人類從行政管理環節中剔除，轉而採用 AI。但由於這種情況發生的速度太快，官僚架構並沒有因此變小。相反地，企業正在創造一種演算法類型的官僚體系，由 AI 評估、修正和決定需要提交、儲存及最終使用的資訊。❸ 這個系統會產生問題，是因為今日的員工受到行政決策的影響，而這些決策沒有人為的控制。一旦組織意識到這個問題，許多組織就會建立一個替代性的行政「影子」環節，由管理員對 AI 系統進行檢查和驗證。他們之所以這樣做，是因為沒有人工控制的新官僚體制缺乏透明性，導致員工變得愈來愈沮喪、憤怒，並隨時準備在任何可能的情況下鑽系統的漏洞。因此，組織最終會把新的 AI 驅動系統和傳統的人力驅動系統整合起來，對所有事情進行雙重檢查。

　　這種趨勢在兩種組織中尤其明顯，一種是這些組織具有強大的層級制度，最高領導層處於主導地位；另一種是支持深度中心化的組織（這會不利於資訊流通和資訊共享——而這兩者也是成功的 AI 驅動型企業的關鍵要素）。在這些組織中，一旦組織的較低層級採用 AI，不熟悉 AI 的企業領導人就會迅速將 IT 集中化，以確保數據在他們的掌控中。久而久之，組織內不同層級的部門就會覺得，他們似乎必須在封閉且自動化的行政系統中運作，卻無法修正或提供回饋。這樣的工作環境顯然會讓員工感到挫折，並降低工作效率。反過來，受挫的經理們就會開始聘請行政人員來建立他們自己的系統，與自動化系統並行，以完成他們的工作。而這只會讓組織的高層領導人在財政年度結束時感到疑惑，為什麼行政領域的成本和招募工作沒有減少？為什麼 AI 未見成效？

　　如需了解你可以採取哪些步驟來建立有關 AI 的開放式溝通文化，請參閱下表「協調資訊流，使 AI 的採用成功」。

協調資訊流，使**AI**的採用成功

企業領導人為了建立扁平化、參與式溝通文化所採取的行動：

◆ 徵求對 AI 採用具有不同層面專業知識的人士的意見。
◆ 確保每個人都能獲得資訊。
◆ 建立共同責任和信任。
◆ 消除資訊自由流通的障礙。

企業領導人如何加強資訊流通

　　身為領導人，你不僅要透過自己採取直接行動，也要藉由鼓勵組織中其他人的行動，樹立良好溝通的典範。溝通是一個雙向的過程。你必須採取行動，以確保清楚了解為何要使用 AI、如何使用 AI，以及採用 AI 會為組織帶來哪些價值。同時，為了確保 AI 的部署能持續創造價值，你需要從使用 AI 的人員

獲得回饋。以下是你可以採取的一些具體步驟，幫助你開始這個過程。

納入回饋循環，鼓勵員工參與

AI 的採用是一個持續的過程，涉及是否蒐集新數據、增加基礎架構或改善演算法等決策。這些決策可確保組織能透過其 AI 策略，創造持續的商業價值成長。但要做出這樣的決策，你需要不斷獲得有關 AI 表現的回饋。作為一位熟悉 AI 的領導人，你必須創造有利的條件，鼓勵員工提供這樣的回饋。你希望從與 AI 一同工作的員工口中得知，哪些方面可以做得更好，以及他們遇到的問題。

你可以透過 2 個步驟，建立回饋循環。首先，設置正式的職位或團隊，代表組織對 AI 回饋循環的承諾。其次，讓員工擔任這些職位並管理這些團隊。例如，阿斯特捷利康（AstraZeneca）內部的「負責任 AI 諮詢服務」（Responsible AI Consultancy Service），就是這種方法的代表。❹ 這個團隊鼓勵員工分享最佳實踐，並教育員工了解使用 AI 的風險。阿斯特捷利康成立該團隊的目的有三：(1) 提供倫理指導；(2) 支援倫理原則的實際嵌入；以及 (3) 監督 AI 專案的治理。例如，如果一個技術產品團隊正在開發一套 AI 系統來優化藥物測試，負責任 AI 諮詢服務團隊會立即採取行動，將技術團隊與其他相關團隊連結起來，包括品質保證團隊（其工作將受到此 AI 系統的影響），以及法律團隊（提供測試標準與法規的建議）。透過擔任受 AI 部署影響的各個團隊之間的調解人，諮詢服務可確保不會忽略任何觀點。

此外，為了鼓勵員工指出 AI 偏見與不道德使用的問題，微軟決定任命專門的「AI 倫理專家」（AI ethics champs），涵蓋銷售與工程團隊，以提高員工對微軟負責任 AI 方法以及可用工具與流程的意識。❺ 這些專家協助團隊評估使用 AI 的倫理與社會考量、揪出違反倫理的行為，並在團隊中培養負責任的技術創新文化。因此，這些專家的一項重要職責就是提高員工的意識，讓他們知道倫理是微軟在使用 AI 時的重要考量因素。但由於他們的正式職位，他們也充當員工提出有關公司 AI 部署問題的接觸點。

增強員工的擁有感和賦權意識

2018 年，科技巨擘谷歌（Google）的數千名員工齊聚一堂，抗議美國國防部的「Maven 計畫」（Project Maven）。該計畫涉及谷歌利用 AI 自動分析無人機監視錄影。❻ 由於缺乏正式的機會表達回饋與改變的途徑，他們走上街頭，進行激烈示威、簽署請願書，甚至威脅要集體辭職。谷歌的領導人開始接受這些批評，並逐漸撤銷對 Maven 計畫的投資。但在此之前，一些優秀的工程師早對公司產生負面情緒。

　　當員工被逼得採取公開抗議、請願和辭職威脅等行動，那就顯然有問題了。這些行為表示員工感覺自己沒有能力持續共享訊息，或者懷疑自己的回饋是否真正用於實現積極的變革。他們猜想自己缺乏改變組織的權力和權限，並認為只有當他們團結起來，迫使領導人注意到他們時，才有可能獲得這樣的權力。

　　任何試圖建立扁平化且開放式的溝通文化，以推動 AI 採用，卻沒有考慮權力不平衡、權威和所有權問題，都注定會失敗。身為領導人，你希望不同的利害關係人都能感受到更多的包容、更願意參與，最重要的是，尊重他們在專業領域上的權威。你如何做到這點呢？

　　如果科技專家認為他們對於部署 AI 所面臨獨特挑戰的觀點，能被聽到並善加利用，他們就會全力以赴。例如，假設企業領導人能夠謙卑地解釋他們並不了解 AI 的所有細節，而只了解其一般原理和大致運作機制，那麼他們的弱點將為他們贏得尊重與信任，讓人相信他們並不是在追求某種由上而下的命令。如此一來，所有參與的決策者都會覺得自己的意見受到同等重視。

如果領導人能夠抱持這樣的態度，賦予員工發言的權力，那麼 AI 採用成功的機會將會大幅提高。當員工在他們所擁有的專業知識上覺得被授權時，他們就會將 AI 採用專案視為一項共同的策略。在這個策略中，每個人的權威與影響力都會受到尊重和認可。因此，你的專家將會體驗到共享的權力基礎。更有趣的是，研究顯示，共享的權力基礎會讓人們更有創意地行事。由於沒有一個決策者會覺得自己的影響力小於其他人，因此，人們的思考就不會那麼受限制。他們將擁有更多的認知靈活性，所以也會更有創造性。

採用並開發具有內建回饋循環的AI系統

AI 系統可以持續獲取新知識、更新模型，並隨著時間演進改善其效能，以因應新的數據和回饋。這意味著在採用 AI 時，你應該採用一個不能被視為靜態的系統。相反地，為了優化 AI 採用的價值，你必須在系統中包含強大的回饋循環，以便它能夠持續改進，並滿足不斷變化的業務挑戰的需求。你要從哪裡開始獲得這種持續的回饋？

幸運的是，持續性機器學習的技術研究已經呈現爆炸性成長。❼ 例如，人們正努力開發各種技術，以納入源源不絕的新數據流，進而持續重新訓練和升級 AI 系統。因此，一旦你建立扁平化、參與式的溝通文化，讓員工不斷分享資訊，以協助 AI 的採用，你也需要與 IT 團隊合作。你會希望他們應用持續學習技術，例如，微調和增量學習，都有助於持續升級 AI 系統效能。

例如，在 AI 的醫療應用中，疾病的性質與治療方式不斷變化。即使你成功建立一套極為精密的 AI 系統，利用迄今為止最全面的醫學知識來輔助診斷，這套系統仍會在幾個月內過時。但是，持續性機器學習技術在臨床 AI 中，受到愈來愈多人採用。這些技術會擷取新病患的數據，並結合系統先前的診斷和治療結果。利用所有這些數據，對模型進行重新訓練，以改善其診斷，並涵蓋新形式的疾病。❽

不過，這種持續性機器學習也存在嚴重的風險。首先，新數據有時可能會導致模型遺忘之前學會的工作，進而干擾模型的效能。這種現象稱為「災難性遺忘」（catastrophic forgetting）。其次，AI 系統接觸到的資料類型和數量，都存在風險。不知不覺間，你可能會讓 AI 系統接觸到有偏差的數據，進而導致系統產生偏見且有害的預測。

例如，假設一家零售公司使用 AI 系統向客戶推薦產品。該系統運作良好，但由於公司要推出新的產品類別，因此，決定重新訓練系統，以處理這個新的類別。如果公司對哪些數據會被使用以及系統應該如何重新訓練，未仔細設定嚴格的限制，系統可能會開始表現得比以前更差。它可能只在推薦新類別的產品時表現良好，而「忘記」舊類別的產品。

　　基於這些風險，僅將持續學習的任務委派給科技團隊是不夠的。此過程中最重要的一環，是以批判、深思熟慮的方式來檢視應該擷取哪些類型的數據、擷取多少數據，以及哪些 AI 系統能力應該重新訓練與改善，而非維持不變。在這個階段，重要的是你要站出來，提出目的導向的問題（請參閱第 2 章），並與員工討論他們應該或不應該提供何種資訊，以協助 AI 系統持續學習。

　　推動組織內部溝通的摘要，請參閱下頁表「企業領導人為促進扁平化且開放式的溝通所採取的行動」。

· · · ·

身為企業領導人，你會發現將 AI 運用到工作中，是你目前面臨的最重要挑戰之一。有一點是明確的：你無法獨自完成這件事。事實上，AI 的成功採用需要全面協作。身為領

企業領導人為促進扁平化且開放式的溝通所採取的行動

領導人可以將這些步驟作為其領導實踐的一部分，進而保持團隊之間以及組織內各個層級之間的溝通順暢：

◆ 納入回饋循環，鼓勵員工參與。
◆ 增強員工的擁有感和賦權意識。
◆ 採用並開發具有內建回饋循環的 AI 系統。

導人，你需要培養一種工作文化，讓有關 AI 使用的回饋可以輕鬆地在組織的不同層級之間流動，並向科技專家進行必要的更新。這樣，你將確保採用過程能創造出你和組織想要追求的價值。為了讓你的員工加入這些努力成果，你必須透過引人入勝的故事來引導他們，讓他們認同這個故事是可行、鼓舞人心且具有前瞻性。向你的團隊清楚說明 AI 如何以及為何能為組織中每個人的利益帶來未來價值，需要有遠見的智慧。我們將在下一章討論這一點。

5

建立願景

VISION

在 AI 的應用上具前瞻性

到目前為止，高達 90％的組織如果沒有導入 AI，也已經嘗試使用過 AI。❶ 但只有少數人（17％）成功將技術規模化或產業化。❷ 大多數高階主管（76％）承認，他們的組織在整個業務範圍內推廣 AI 時面臨困難。❸ 一項調查發現，只有 8％的組織已將 AI 應用在其核心業務中。❹

但是，我不會將這種失敗歸咎於技術問題，也不會歸咎於專案部署問題，我認為這是由於領導人對 AI 缺乏遠見。

賽富時（Salesforce）董事長兼執行長馬爾克・貝尼奧夫（Marc R. Benioff）在 2016 年達沃斯會議上表示：「每個國家都需要一位未來部長。」❺ 同樣地，今日每個組織都需要一位具前瞻性的領導人，以確保未來能夠成功導入 AI。

具備 AI 洞察力的領導人能夠看見一座橋梁，連接組織當前的運作方式與導入 AI 後可能達到的運作模式。當你談論組織邁向未來工作模式的變革時，你需要激勵和鼓舞他人，讓他們理解這個轉型的價值與可能性，願意參與並推動轉型。你的團隊必須理解，採用 AI 之後，組織將更有能力面對競爭並取得成功。為了傳達你的願景，你需要將 AI 部署視為一個圍繞共同目標的過程。因此，所有擁有獨特專業知識的部門和員工，都必須納入 AI 採用的工作中。

這一切聽起來似乎是顯而易見；具備遠見的領導力並不是

什麼突破性的概念。但我在實務中發現，即使是那些對組織擁有願景的領導人，在面對導入 AI 時，也同樣缺乏明確且有遠見的策略。這一缺點源自於幾個因素。首先，儘管他們不難想像一個由 AI 驅動的未來，但由於缺乏技術上的了解，以及技術快速變化的本質，讓他們很難看到通往未來的橋梁。當你不確定橋梁應該通往何處，或認為橋梁的最佳位置可能會隨著時間而變動，就很難建造。其次，領導人難以發揮 AI 的潛力，因為他們對 AI 抱有過高的期望。他們預期 AI 能夠立竿見影的帶來回報，但當技術最終無法達到預期效果，或是他們所採用的 AI 解決方案無法達到規模化應用時，往往會感到失望。

企業領導人低估了將採用 AI 的決策轉化為有效執行的複雜性，這個過程需要整個組織都參與。他們預期現場的 AI 工程師能夠推動 AI 的採用，而他們自己的領導工作在這時候基本上已經結束。然而，出乎他們意料之外的是，領導人很快就意識到，以這種方式採用 AI，只會迫使獨立的分析專案在孤立的環境中進行。

為了確保整個組織能成功導入 AI，你不能採取投機取巧的零散方式，讓每個專案只為了自己狹隘的目標和利益而使用 AI。相反地，你需要提出一個整體願景，呼籲多個跨職能團隊和部門的協作。這意味著，所有部門應該共同努力，讓 AI 為整個組織服務，而不只是為自己的單位服務。熟悉 AI 的領導人可以透過協調不同部門和團隊的角色，進而發揮 AI 的潛力，實現組織的整體成功。例如，你可以確保 IT 部門提供適當的基礎設施，而數據工程師則確保數據存取、分析與管理。你也可以讓人力資源部門透過為不同專業領域的員工提供培訓，以維持員工的動力，並說明他們的工作將如何改變和執行。你還可以尋求風險管理部門在治理和投資方面的協助。

　　讓我們來看看高等教育的例子。隨著 ChatGPT 等以大型語言模型為基礎的工具愈來愈受到重視，你可能聽說過大學面臨的一些問題：學生利用這些工具在考試中作弊，教師利用這些工具將撰寫推薦信、準備課程大綱等重要任務外包，以及職員將敏感資訊上傳到第三方網站等。由於大學對於使用大型語言模型缺乏統一的願景，導致不同的利害關係人，包括學生、教師、職員等，各自以自己的方式、使用目的來採用這些工具，往往犧牲了更廣大的機構目標。

　　不過，也有一些很正向的嘗試，可以扭轉這一趨勢。例如，賓州大學華頓商學院（Wharton School）管理學教授伊森・莫里克（Ethan Mollick）不僅允許他的學生使用 ChatGPT，還強制要求學生使用 ChatGPT，並明確說明如何批判性地思考系統的輸出，以撰寫出更具創意、更有說服力的論文。❻ 最近，密西根大學（University of Michigan）推出自己的生成式 AI 工具套裝軟體（U-M GPT）。這些工具是專門設計用來與大學現有的 IT 基礎架構搭配使用，並明確強調隱私、公平與無障礙等價值觀。❼ 該大學的領導人鼓勵所有學生、教職員以負責任的態度使用 AI 工具，以實現共同的目標。為此，領導人集中技術資源，並讓所有人都能使用。領導階層也制定明確的指導方針和政策，說明在大學環境中該如何（以及不該如何）使用生成式 AI 工具。當然，這些專案最終成敗仍有待觀察，但在大多數 AI 採用專案都反映出「各自為政」的情況時，看到統一的願景，令人耳目一新！

　　顯然，如果 AI 導入失敗，通常不是技術問題，而是領導階層缺乏願景。你需要在集體努力的基礎上，發展並傳達願景，為組織創造條件，使其能夠充分發揮 AI 的價值。在本章中，我將討論並概述如何成為這樣有遠見的領導人。

採用 AI，願景甚於技術

　　建立願景是企業領導人的職責，而不是技術專家的工作。熟悉 AI 的領導人非常聰明，知道將願景和權力交給 AI 本身是行不通的。設定願景是人類獨有的職責，正如微軟研究院

（Microsoft Research）資深首席研究員凱特·克勞馥（Kate Craw-
ford）所說：「大多數的 AI 既不人工，也不智慧。」❽ 無論技術
如何進步，領導者都是設定方向的人。

　　你可能會對我強烈反對將 AI 視為設定願景的工具感到驚
訝，但其實你不應該如此。請記住，雖然 AI 系統在鑑別數據
中的模式方面優於人類，這些模式可以幫助我們了解趨勢和機
會，但 AI 並不理解成為人類的真正意義。事實上，由於 AI 並
非生活在現實世界中，因此它對這個世界沒有基本的模型。由
於 AI 缺乏同理心，它無法理解人類反應與行為背後的深層意
義，因此，它對於人們為何關注特定議題毫無頭緒。AI 缺乏人
類的經驗和情感理解，因此它無法預測可能會對人類真正關心
的事物構成威脅的挑戰。AI 無法判斷一個可能具有遠見的想法
對人類是否有用且相關，因此，它並不具備成為有遠見的領導
人所需的智慧能力。

　　如果你主要透過 AI 本身特有的理性和技術導向的論點來
傳達 AI 計畫，員工將不會支持你的計畫。例如，在我的一次
諮詢服務任務中，一位不了解 AI 的執行長告訴他的領導團隊，
由於 AI 的進步，商業模式已經發生變化，他們過去使用的策
略在未來將不再適用。在他看來，組織需要開始像機器一樣思
考，並專注於創造提高生產力的機會。因此，他非常支持公司

投入 AI 方面的投資，包括聘請更多 AI 工程師和科學家，因為他們將成為未來的代言人。

會議結束後，現場一片混亂，幾位經理幾乎絕望地詢問，決定採用 AI 對他們自己和團隊的工作意味著什麼。他們想知道，他們需要做些什麼，才能適應從技術角度來看待商業現實，以及了解這個技術的實際意義為何。

這位領導人缺乏遠見。將採用 AI 視為一種不可避免的趨勢，卻對 AI 的重要性或意義毫無概念，這種做法既不人性化，也可以說是短視的。正如我們在前幾章所討論的，將人類智慧從操作中抽離並不是一個好的策略，這也暴露了我們對於 AI 是什麼、不是什麼，缺乏深度的了解。

為了建立真正的願景，你需要以全面的方式進行溝通（見表 5-1）。這種溝通方式將協助你把必須培養的技術精通程度（請參閱第 1 章），也就是能讓你用自己的語言來解釋 AI 的程度，與你對此類 AI 如何能協助組織發展其業務的說明相結合。掌握這些技能後，你的溝通將會更加真誠且具有說服力。你將能夠清楚地解釋成功的 AI 導入計畫所需的條件、AI 為組織帶來的好處，以及闡述 AI 導入對員工的影響。

這種高瞻遠矚的方法的重要性在於，你能夠強調，導入 AI 的所有方面都需要合作，而且只有每個人都投入並參與，才能

表 5-1　全面溝通原則

身為領導者，你要做什麼	你的行為所帶來的影響
提高你的技術精熟度	協助你在業務溝通中解釋 AI 的功能與目標，並使其對員工具有相關性和意義。
真誠	讓人覺得你有說服力，因為你知道自己在說什麼；讓你與聽眾建立連結。
使用協作的言語	有助於將所有人凝聚在採用 AI 的共同目標上。
展現同理心	讓員工相信採用 AI 本身不是目的，而是達成目的之手段，並充分認可員工的利益。

為組織創造真正的價值。傳達這訊息的語調也需要有同理心，以便讓員工明白，在整個 AI 採用過程中，你都會關注他們的利益。

那麼，全面溝通在實務上是什麼樣子呢？請看這個例子：我在一次企業研習會與一家大型物流公司的領導人見面，她向員工傳達採用 AI 的願景時，所表現出的清晰度和有效性，讓我留下了深刻的印象。

她首先闡述為何 AI 對組織非常重要。她講述最近遇到一位 AI 工程師的故事，該工程師與她分享物流業使用 AI 的一些實例。透過這次對話，她認為使用 AI 似乎可以大幅改善公司倉庫的庫存管理。在與現任倉庫經理和其他技術專家談過之後，她決定使用 AI 的想法愈來愈明確。她開始著手有關如何將 AI 應用於庫存管理，提出清晰且具體的願景。

　　她了解到，AI 系統可用於處理來自各種來源的數據，包括監視攝影機、倉庫和運輸工人維護的日誌，以及倉庫機械的操作參數，以追蹤和規劃最佳路線，有效地搬移和儲存包裹。但她也看到，這種優化並非沒有挑戰。首先，採用 AI 需要跨團隊之間的協作，不僅僅是技術團隊，還包括倉儲工人、人力資源，以及其他各種與倉儲直接或間接相關的工作團隊。此外，由於現有的倉儲流程早已建立，她必須清楚採用 AI 之後，哪些流程會被中斷，哪些不會。換句話說，哪些最佳實踐做法可以保留，哪些低效率問題可以克服？最後，她表示，AI 的採用不可能是隨插即用的過程，在導入的早期階段一定會出現新的挑戰和低效率。因此，她希望團隊做好準備，能夠預見並在這些挑戰出現時迅速克服它們。

　　也許最重要的是，她問道，採用這種技術對前線倉儲工人意味著什麼？他們需要像機器一樣思考和工作嗎？當其他公司（包括零售巨擘亞馬遜在內）在庫存管理中採用 AI 時，工作條件確實變得更困難、更不安全、更機械化。她堅持認為，這家公司應該以不同的方式做事，這一點很重要。根據初步估計，她指出 AI 有可能將每個倉庫的效率提升至目前的 1.5 倍。但效率的提升並非主要目的。她解釋了她的理由：

> 該公司採用 AI，主要是為了協助員工提高工作表現，雖然我們會努力達到 1.5 倍的目標，但我們也需要考慮到員工的特定工作環境，以及其所有限制。我們必須保持現實，並充分考量員工將如何在公司現有的庫存管理流程中使用 AI。因此，如果改善的幅度是 1.3 倍，但大家覺得沒問題，那也沒關係，這仍然是一種提升。而且，如果 AI 不是最佳解決方案，我們將避免使用它，我們不是為了使用 AI 而使用 AI，AI 必須能提供幫助並發揮作用，否則我們就不會使用它。

這是來自一位有遠見的領導人的當頭棒喝！我鼓勵你重讀幾遍這個故事，並從中挖掘這位領導人所做的事和所說的話。她的言行讓她的願景如此清晰且鼓舞人心。相較之下，那位執行長走進來後，說道：「一切都在改變，我們需要像電腦一樣思考。」這位執行長的話只會造成混亂。

一年後，我很高興得知，該公司的 AI 採用過程仍持續進行，並且正在整個組織的各個層級擴展。倉儲工人已逐漸適應

AI 系統，還根據自己的工作習慣和偏好，創造新的工作方式來充分發揮 AI 的作用。人力資源部門參與了組織內人才的培訓，而受聘的 AI 工程師也很清楚，他們的角色是支援性的，目的是幫助業務運作。當這些工程師受僱時，他們會收到有關組織獨特的業務版圖和目標的介紹。這樣一來，他們就能理解業務專家所面臨的各種問題，這種理解能幫助他們確定在不同的業務單位中進行哪些 AI 的投資。雖然有些人離開公司，但大多數員工仍然留下來。他們理解為何要部署 AI，也明白自己有責任指出業務挑戰，以調整使用 AI 的目標和期望，既符合他們自己的工作偏好，又有助於實現組織的績效目標。

成功願景的要素

在了解願景領導（visionary leadership）的實際樣貌後，接下來讓我們深入探討，當你開始制定願景時，應該注意或考慮的關鍵因素有哪些。

強調AI支持公司的理念

你必須清楚地傳達 AI 將如何成為公司 DNA 的一部分，以協助實現組織的目標。如此一來，員工將會了解組織本身及其核心價值，不會因為採用 AI 而改變，**導入 AI 的目的是強化組織追求目標的能力**。因此，願景溝通必須著重於說明如何將 AI 整合到組織的工作流程和專案中，為所有利害關係人帶來更優質的產品、服務與價值。

請參考博世集團（Bosch）前執行長沃爾克馬爾・鄧納爾（Volkmar Denner）的願景宣言：「10 年後，如果沒有 AI，幾乎沒有任何博世產品是可以想像的。除非產品本身就具備這種智慧，或是 AI 在產品開發或製造過程中發揮關鍵作用。」❾

他的願景宣言中仍然談到我們所熟知的博世產品，而不是說博世的特性和價值觀需要改變。他所傳達的是公司對於採用 AI 的承諾，以及如何將 AI 工具整合到博世眾所周知的產品和服務開發中。

這與許多金融機構目前的做法不同。如今，銀行的執行長們強烈感受到有必要強調，他們的機構首先是科技公司，其次才是金融機構。現今，許多銀行在其願景宣言中明確提及 AI。一方面，這是件好事；但另一方面，他們傳達這個願景的方式卻不太理想。他們的願景聲明未能強調 AI 在整合各種服務和功能方面的潛力，這是銀行等企業的一個重大優勢，因為 AI 能幫助它們更高效地運作，同時仍能保有其身為金融機構的核心身分與價值觀。相反地，許多銀行的執行長卻在談論 AI 將

如何徹底改變他們的業務運作，然而，這說法其實傳達了一個
訊息，即導入 AI 將會改變銀行的核心身分。請仔細斟酌以下
來自美國、亞洲和歐洲不同銀行執行長的說法：

◆ 「我們顯然是一家科技公司。」（美國，美國銀行執行長）

◆ 「我們的運作方式不像一家銀行，反而更像一家科技公
　　司。」（新加坡，星展銀行執行長）

◆ 「從許多方面來看，我們認為自己是一家擁有銀行執照
　　的科技公司。」（美國，花旗銀行執行長）❿

　　這樣的願景對他們有用嗎？我的研究合作夥伴、東北大
學（Northeastern University）助理教授沙恩・史懷哲（Shane Sch-
weitzer）和我開始要測試這個問題。⓫ 在一系列的研究中，我
們測試這些願景宣言會喚起銀行員工和客戶什麼樣的想法與情
緒。這樣做可以讓我們了解，這種傳達願景的方式是否能激勵
員工致力於實現願景，並激發客戶對組織的忠誠度。答案是：
不，它起不了作用。

　　透過多項研究，我們發現，領導高層傳達採用 AI 將會徹
底改變他們的機構，並將其轉變成一家科技公司，這樣的訊息
反而對他們不利。這樣的說法讓員工和客戶都覺得銀行業務不
再是該機構的核心業務。事實上，我們的調查結果顯示，員工

和客戶都不再認同銀行的立場，除了它想要成為科技公司的願望。結果，員工和客戶都不願意對銀行做出承諾，也不相信銀行能夠照顧他們的利益。

這些結果顯示，如果技術的使用背棄了銀行原本的特性，那麼與 AI 協作將毫無助益。再想想看：你傾向於將儲蓄和投資理財委託給誰──是經驗豐富的銀行家，還是分析專家？顯然，當客戶需要金融服務時，他們可能希望由銀行家而非技術專家來處理他們的業務。願景宣言不能以讓利害關係人感到疏遠的方式來描述 AI。相反地，它需要將所有利害關係人納入轉型中，讓公司的核心身分與價值觀不因採用 AI 而受到影響。

包含你對AI倫理規範的看法

即使對於 AI 的轉型潛力抱持樂觀的態度，你也必須認清採用此技術所帶來的責任。正如我所討論的，AI 系統經常會有偏差和錯誤，而且它們通常是黑箱（black boxes），其內在邏輯對人類來說是難以理解的。如果不處理這些風險，可能會導致部署了不可信且有害的 AI 系統，損害公司聲譽，並可能負上法律責任。此外，隨著人們對這些風險有更深入的了解，對 AI 使用進行監管的努力也與日俱增。作為熟悉 AI 的領導人，你應該設法制定政策和內部治理程序，以領先於監管趨勢。透過將倫理與社會影響納入你的策略願景，你就能以誠信、遠見與責任感來引領你的 AI 採用之旅。

以下範例聚焦於 AI 系統中特別重要的一項風險：黑箱問題。假設你正在領導一家醫療保險公司，計畫採用 AI 系統來預測潛在客戶的風險評估和保險費率。這套 AI 系統是基於一個複雜的神經網絡，並使用大量過去客戶的健康數據進行訓練，因此，它的內部決策邏輯是一個黑箱。然而，正如 AI 專家所解釋的，有幾種具潛力的解釋技術能幫助員工了解系統如何做出決策。投資這些技術可以讓你的精算團隊仔細檢查系統，以確保其決策的公平性和準確性。此外，如果任何潛在客戶認為自己受到不公平的對待，組織可以向他們提供決策過程的詳細說明。這種透明度可以重建信任，並在必要時避免任何法律行動。

正如你的政策同事所解釋的，該地區正在採取一些新的監管措施，旨在保障受 AI 決策影響的每個人都有獲得解釋的權利。因此，謹慎的做法是，盡早超前應對這些法規。然而，嚴格控制誰能存取 AI 系統的解釋權限也很重要。如果這些資訊被公開，潛在客戶可能會利用系統的弱點來欺騙系統，讓自己的風險看起來比較低（於是，就能支付較低的保費）。因此，除了部署可解釋性技術之外，你還必須制定健全的數據管理與透明度政策，以確保只有適當的利害關係人能夠存取 AI 系統的解釋，進而實現組織的目標。

事實上，在處理 AI 的倫理問題時，你需要顧及多種複雜的技術、政策與監管層面。為了讓你的願景成為所有利害關係人創造價值的整合性策略，你必須密切注意你所採用的 AI 系統在倫理與社會方面的影響。

引進AI時展現敏捷性

要成為具有遠見的領導人，並不僅僅意味著在導入 AI 初期發表幾篇鼓舞人心的演說，或是制定幾項計畫和政策。當你將 AI 這種新興、複雜且動態發展的技術引進組織時，事情總是處於變動中，新的挑戰可能很快就會出現，就像新的機會可能會出現一樣，為了應對這些挑戰並充分利用這些機會，你需要將敏捷性融入你的願景中。

AI 的採用涉及迭代與實驗。例如，如果員工認為最初設定的績效目標無法達成且不合理，你需要與他們合作，找出讓所有利害關係人都能接受的目標。或者，員工可能一開始覺得難以適應新的 AI 同事加入，並且覺得工作流程受到打亂，而不是變得更有效率。你對於採用 AI 的最初願景可能會在過程中遇到一些挑戰，這就是敏捷性發揮作用的地方。敏捷領導力需要保持彈性，並對回饋做出回應，以持續根據實際結果不斷調整策略和方法。研究顯示，**領導人若能預見技術變革所帶來的挑戰，並因此準備好在挑戰來臨時以敏捷的方式處理，就能在數位轉型期間最有效地管理員工。**❷

　　最重要的是，身為熟悉 AI 的領導人，你必須在提供明確的總體目標與清晰的成果之間找到最佳點，同時也要讓你的團隊有擺脫不合理目標的自由。例如，本章前半部提到的庫存公司執行長，如何向她的員工清楚說明 AI 的採用，並不是一個隨插即用的過程。儘管她在闡述公司採用 AI 的整體願景方面堪稱典範，但她承認總是會出現意想不到的問題。因此，當這些問題出現時，整個組織需要敏捷地預測和回應這些問題。值得注意的是，這種敏捷性並不是作為事後的附帶想法而提到的，而是融入了整體願景的核心訊息。

　　在此重申，你需要設定一個令人信服的願景，並採用敏捷的方式跟進。為此，你必須保持開放且好奇的心態，並從不同的角度來看待你所面臨的挑戰。如此一來，你就能找到新的方法，持續朝向採用 AI 的整體目標邁進。

　　以 ChatGPT 等大型語言模型最近效能顯著改進為例。雖然大型語言模型技術已存在一段時間，但很少有人會預料到它們會成為組織採用 AI 願景的核心。但如今，大型語言模型已經成為每個人都在談論的話題。隨著 AI 領域不斷出現新的技術和應用程式，你如果不了解該領域的新興趨勢和發展，就不能期望加倍採用某種特定形式的 AI 技術。透過以這種方式保持敏捷性，你一定能抓住機遇，在競爭中保持領先地位，並確保組織採用 AI 具有相關性和影響力。

證明你在採用AI時做出明智的決定

要讓人們相信你的願景，你的願景必須是可信的。為了建立其可信度，不僅須展現出你對技術的精通，還必須證明你的 AI 採用策略是經過深思熟慮的。你需要讓員工相信，在採用 AI 時，你知道自己在做什麼，而且你所做的一切都是為組織服務。

為了展現你的可信度，你必須從你要解決的問題開始，而不是技術。其中一種方法是開始檢視每一件重複性的手動作業，將它們依照工作量或成本排序。然後，調查市場上是否有針對這些問題的 AI 解決方案。理想情況下，你應該將 AI 投資的重點集中在解決高壓力的問題上，因為這些問題的解決方案成本相對較低，而且實施的障礙也較低。重要的是，在花費時間和金錢推出昂貴且資源密集的 AI 計畫和試點之前，你必須先制定明確的策略。有了這樣的策略，員工才會有信心，相信你採用 AI 的願景是以組織的實際需求為基礎，而不是為了跟上時代卻沒有經過深思熟慮的嘗試。

此外，有遠見的領導人應該具備反思能力，能夠分析和總結到底需要改變什麼，以及如何將其轉化為具體的行動方針。為了使願景成功，領導人必須具備強大的預測未來情境的能力，同時要有豐富的想像力與創造力，才能塑造出一個能提升組織，並同時擴大 AI 應用的轉型過程。事實上，在這個過程中，由於不可預見的挑戰，計畫和策略可能需要進行創造性的調整。你需要保持開放、靈活的態度，以便在過程中調整行動方針。

最後，也許是最重要的一點，身為有遠見的領導人，應該設法激勵員工與 AI 互動時深思熟慮並持批判的態度。你必須以身作則，當員工認為你具有戰略眼光、善於反思、精通技術、思想開放且敏捷時，他們就會有勇氣在自己與 AI 的互動中抱持這種心態。你希望員工關注目前 AI 採用策略的改進，以及進一步擴大 AI 在整個組織中的應用。當你自己基於充分資訊做出 AI 採用決策時，能夠為員工樹立榜樣，激勵員工也以相同的方式做決策。

· · · ·

熟悉 AI 的領導人會提出一種說法：採用 AI，有利於組織，同時也為一起工作的人員帶來好處。為了讓你的願景宣言可以激發信心，讓人相信身為領導者的你，能以正確的方式運用 AI，你的敘事和行動計畫必須讓所有利害關係人都感受到他們在專案中的角色與價值。在第 6 章，我們將進一步探討利害關係人管理，對於希望以富有遠見且成功的方式採用 AI 的領導人來說，是非常重要的議題。

6

找到平衡點
BALANCE

採用 AI 時，考慮到
所有利害關係人

「**是**時候加入這個行列，將 AI 帶給我們的員工！」

一家專業零售公司的執行長正在與我交談。儘管他並不精通 AI，但他對於將此工具引入公司表達出極大的熱情。在他看來，AI 可以大大幫助經營客戶關係。在他的願景中，客戶可以透過線上瀏覽零售商的產品系列，並根據自己的喜好評估不同的選項。在 IT 部門的協助下，他為股東和董事會準備了一份銷售說明書，說明為什麼投資 AI 具有吸引力，而且競爭對手已經積極參與部署 AI，該公司也別無選擇。結果，提案很快就獲得批准，毫無疑問是得益於執行長的魅力，大家對於 AI 能夠提供企業成長所需的動力，寄予厚望。

然而，18 個月後，董事會終止這項計畫。非常明顯的是，AI 採用專案缺乏重點、浪費寶貴的資源，而且未能產出具體成果。進一步調查後，該公司發現導致這一結果的許多問題。首先，在導入初期，公司員工在日常工作中使用 AI 的整合度不高。IT 部門對整合需求一無所知，因此，該組織現有的技術基礎架構與購入的 AI 系統不相容，而該系統本應該為客戶提供無縫的服務。在這個產業中，互動不佳直接導致銷售損失，間接造成品牌形象受損。銷售團隊的管理也很糟糕。公司幾乎沒有投資在訓練和提升團隊成員的數位技能，或招聘具備所需專業知識的新人才。所有這些糟糕的決策都導致公司對於為什麼採用 AI 專案缺乏透明度。因此，技術與銷售團隊成員之間幾乎沒有交流。

利害關係人管理不善，也會導致 AI 系統使用效果不佳。由於公司內部很少蒐集和共享數據，團隊成員之間幾乎沒有交換任何回饋意見。因此，缺乏足夠的數據來有效訓練 AI 模型。由於負責處理數據的團隊未獲得有關資料隱私權最佳實踐的簡報，導致在數據管理方面違反相關法律和監管要求。不出所料，AI 專案的內部管理不善，導致客戶服務品質不佳。客戶不僅面對運作不良的介面，也從未被徵詢過他們希望如何與技術互動，以打造更直覺的介面並改善使用者體驗。

最後，執行長因 AI 專案執行不力，被董事會和投資人追究責任。他必須為此造成員工流動率高、客戶忠誠度大幅下降，以及即將受到的監管處分負責。他最初的熱情蕩然無存。他對自己的努力感到失望，於是辭職。

如果領導階層能花心思與所有利害關係人溝通，就不會出現這種糟糕的結果。

熟悉 AI 的領導人應該意識到，採用 AI 來協助推動業務，將會影響到各式各樣的利害關係人。這裡的利害關係人是指受到你採用 AI 決定影響的團體或個人。因此，他們會影響組織能否成功達成目標。利害關係人包括員工、客戶、監管機構、董事會、投資人、合作夥伴公司，有時也包括更廣泛的社區或社會本身。因此，在採用 AI 時，必須考慮他們的利益。當利害關係人相信他們的利益被考慮在內，才有可能透過支持和接受你的決策來回報，進而提高 AI 專案成功的可能性。❶ 在本章中，我將深入剖析並說明，一位熟悉 AI 的領導人可以如何獲得利害關係人的認同。

領導人如何讓員工和客戶參與 AI

一旦決定採用 AI，領導人通常會將重點放在專案的投資方面。在他們心目中，採用 AI 是為了讓組織更有效率地運作，目的是提高生產力和增加利潤。這種狹隘的觀點，意味著在組織引進與整合 AI 專案的過程中，直接利害關係人（即員工和客戶）的利益所占的比重較低。

但員工和客戶才是你採用 AI 過程的主要利害關係人。沒有他們，企業就無法運作；他們被稱為積極活躍的利害關係人（active stakeholders）。❷ 當涉及這群利害關係人時，哪些利益會因 AI 的導入而受到最大威脅？

員工：AI推行中的第一個利害關係人

員工將直接面對 AI 部署如何影響其工作執行方式及決策方式（請參閱下表「獲得員工的支持」）。身為了解 AI 的領導人，你必須向員工清楚說明專案目的，以及選擇採用 AI 的價值取向。他們需要知道組織為何要使用 AI，以及使用 AI 將對他們造成什麼影響。

獲得員工的支持

身為了解 AI 業務面向的領導人，請採取以下步驟，鼓勵員工全力支持組織導入 AI：

◆ 清楚說明推動 AI 採用專案時，是以尊重人權和公平對待為核心原則。
◆ 解釋採用 AI 為員工帶來的風險和益處。
◆ 提供與員工工作相關的範例和情境。
◆ 傾聽員工的問題和建議。
◆ 定期向員工報告 AI 採用專案的最新進展，並徵求他們的回饋意見。

隨著 AI 的導入，對於失業的恐懼一直是員工最關心的問題。❸ 身為領導人，你不能忽視這些擔憂。你必須確保員工認知到，AI 的採用將以符合人權標準、尊重和公平對待的方式進行。要做到這一點，你需要解釋 AI 專案到底做了什麼？員工希望多了解這對他們有什麼影響。過程中，你必須盡可能精確，並直接指出員工在工作中將面臨的風險和利益。例如，在我訪問的一家諮詢顧問公司中，AI 採用專案的主管經理向專案團隊解釋，使用 AI 後團隊將獲得的好處（這些團隊的存在依賴董事會對其專案的支持）。他們獲得的能力，使他們能夠在更大規模上進行數據驅動決策，當他們向執行委員會申請專案經費時，能夠使他們的論據更具說服力。不過，這些經理也承認，採用演算法決策可能會不公平地優先處理某些專案，例如，那些在可量化指標上更容易分析的專案，而不是其他計畫，他們需要讓員工意識到這種潛在的弊端。

　　當然，即使你簡要說明採用 AI 的好處與風險，員工仍可能會對其使用感到不確定。因此，請虛心聆聽他們的問題與建議，並運用他們的回饋意見。此外，你必須證明你確實採納他們的回饋意見，用於組織推動 AI 專案中。例如，當我曾合作過的一家計程車公司的司機，對於演算法以不合理的方式分配乘車訂單表示擔憂，該公司評估了乘車分配的曲線。公司在員工大會上與司機分享這些數據，並提出解決方案，在組織內公開討論，透過這種方式，該公司實現良好的利害關係人管理，讓許多司機繼續留在公司。如果公司在聽取司機的回饋意見後，沒有提供任何透明度或調整演算法使用的意願，這些司機肯定會離開公司。

由於員工是最先面對 AI 的利害關係人，因此，領導階層必須盡快讓他們參與，以便及早獲得支持，然後定期向他們報告 AI 為組織帶來的進展、挑戰和機會。

客戶：AI潛在優勢的第一批受益者

客戶是最直接感受到 AI 影響的利害關係人，他們透過與組織互動，可以立即體驗到 AI 如何改變服務與資訊交流的方式。因此，組織必須清楚傳達，客戶會因為採用 AI 而能夠預期的變化。在傳達這些訊息時，你需要闡明為何 AI 會進入你的組織與客戶之間的關係，以及你的客戶將如何從中獲益（請參閱下表「獲得客戶的認同」）。請記住，客戶習慣以特定的方式與你的組織打交道，當技術介入時，他們可能會對新技術如何影響其體驗和與組織的關係感到疑慮。

例如，當一個小型新聞平台開始使用演算法，提供客戶預期會喜歡的資訊時，該公司也開始與更多廣告商合作。這項決定讓客戶群懷疑該公司是否使用 AI 來增加他們自己的利益，或者更確切地說，是為了廣告商的利益。當該公司注意到這種

獲得客戶的認同

　　身為領導人，如何讓客戶接受並支持採用 AI，充滿潛在的問題。請採取以下步驟，避免掉入較常見的陷阱：

◆ 讓客戶為 AI 的到來做好準備。
◆ 重視客戶需求，設計人性化的 AI 解決方案。
◆ 定期蒐集客戶的意見回饋，以改善並提升使用者體驗。
◆ 耐心地將你的 AI 採用專案引導至客戶應用程式。

不滿正導致客戶取消會員資格時，該公司決定推出一項新的活動。在這個活動中，該公司解釋平台上廣告的增加如何帶來額外的收入，而這些收入是用來降低客戶的會員費。為了說明這一益處，該公司寫信給客戶，詳細說明會員費用對客戶有利的變化。

　　要確保客戶不會擔心 AI 損害他們的利益，其中一個方法就是證明你了解他們的需求，並且在設計 AI 應用程式時，已考慮到這些需求。❹ 事實上，研究顯示，當客戶認為他們的需求已在組織有關 AI 系統提供服務與產品的決策中得到考量時，他們會更信任 AI 的使用。❺

　　例如，當我受邀在一家銀行演講時，該銀行感受到來自更大競爭對手的壓力，迫使它必須開始將某些銀行服務自動化，但領導人卻不知該如何啟動 AI 採用專案。這家銀行引以為傲的是，在現今的數位時代，它仍是一家對客戶提供個人化服務的機構，而且只要客戶有需要，它就會毫不猶豫地預約面談。大家擔心的是，如果銀行引進 AI，有些客戶會覺得銀行拋棄他們，因為讓他們忠於銀行的關係將不復存在。同時，銀行也知道需要一些自動化，因為在競爭激烈的環境中，成本變得太高。當該銀行採用 AI 時，也將特定客戶需求作為設計 AI 應用程式時不可妥協的準則。該銀行為客戶舉行資訊會議，並徵求客戶的回饋意見，了解如果服務自動化，該如何讓客戶覺得自己仍被重視。這個策略似乎奏效了，這家銀行不僅留住客戶，還成功招攬到新客戶，因為他們聽說這家銀行非常重視與客戶的個人聯繫。

當部署 AI 時，客戶會重新評估他們對服務與產品的期望。你的工作就是獲取這些資訊，並利用這些資訊，以符合客戶需求的方式，設計和部署 AI。如果你這樣做，最大的收穫就是組織將能夠設計出易於理解、互動和人性化 AI 解決方案。了解目標客戶的需求，並讓他們參與 AI 系統的設計，將使你能夠獲得有用的回饋意見，進而提高創造直覺式介面的可能性，帶來良好的使用者體驗。而這些正面的使用者經驗，最終將在組織中形成正面的回饋循環，鼓勵員工進一步採用 AI，並提高採用專案的整體成功率。

　　當然，設計對使用者友善的 AI 解決方案需要大量時間。根據我的經驗，大多數領導人的理由是他們沒有這樣的時間，因為正如我之前所指出，他們專注於投資、效率和節省成本。在決定採用 AI 時，你需要投入時間、精力和金錢，以獲得各個利害關係人的支持。但即使你這樣做的同時，業務仍持續營運中，而你的客戶在此期間也希望能以與之前相同的高品質方式獲得服務。客戶不會接受因採用 AI 專案，導致整體服務與客戶管理品質變得較差的藉口。很多時候，企業都希望快速啟動採用程序，並原封不動地嘗試使用 AI 解決方案。結果通常是客戶服務流程的某些部分變得自動化，例如，客戶可以向聊天機器人提問，但是，當需要將服務進一步提升至實際產品交付時，卻因為 AI 尚未擴展至整個公司，而造成延遲與服務品質下降。

　　熟悉 AI 的領導人有足夠的耐心，專注於創造包容且有效率的工作文化，以推動 AI 在公司內的部署，並使 AI 系統的發展提升正面的客戶體驗。在嘗試任何 AI 應用的實驗階段之前，都需要採取這些步驟。許多領導人將 AI 採用專案視為與時間競賽，他們希望透過自動化工作流程，迅速降低營運成本，卻推出在客戶需求方面設計不佳的 AI 應用。如果採用這樣的方式，你將面臨 AI 採用專案失敗的風險，而且許多失望的客戶將會尋找其他替代方案。將採用 AI 視為一場競賽的想法，在持續推動成長的企業中尤其普遍。例如，特斯拉（Tesla）決定在加州組裝廠實現勞動力自動化，其目的是加速公司提升生產力及降低成本。然而，這項快速而激進的行動，卻因為太多的故障和錯誤，導致組裝線完全停擺。事後，伊隆‧馬斯克（Elon Musk）承認自己犯了一個錯誤。當然，如果他能多加考量全面自動化的後果，並預測可能發生的故障，以及這些故障會如何阻撓他的自動化努力，那就更好了。

不幸的是，許多公司並沒有從特斯拉的失敗中記取教訓，現今許多企業仍然急於將平庸的技術推向市場。❻ 麻省理工學院教授戴倫‧艾塞默魯（Daron Acemoglu）和波士頓大學教授帕斯庫爾‧雷斯特雷波（Pascual Restrepo）稱這些為「平庸的科技」（So-so technologies）；莎拉‧布朗（Sara Brown）則將這些科技形容為：「擾亂就業並取代勞工的進步，卻無法大幅提升生產力或服務品質，例如，超市的自助收銀機或電話自動化客服。」當然，依賴這種策略可能很快就能為你贏得「AI 驅動型組織」的美譽，但請記住，長期而言，這種策略所帶來的糟糕服務肯定對你不利。

AI 能夠照顧利害關係人的利益嗎？

最近有一個想法愈來愈受到關注，即 AI 的好處之一是可以幫助我們管理利害關係人，這是因為像 ChatGPT 這樣的 AI 系統可以存取大量數據，並且能夠比人類更快、更準確地分析數據。此外，藉由使用可解釋性技術，組織或許能夠公開透明地執行這些分析，以便做出清楚易懂的解釋，進而提高決策的品質。因此，為何不讓 AI 在你做出重要業務決策時，確保將利害關係人的利益納入其中？這不只是抽象的想法，它已經發生了。例如，香港一家名為 Deep Knowledge Ventures 的創投公司，是第一家任命 AI 機器人為董事會成員的企業。❼ 這個被稱為「Vital」的機器人受到其人類所有者的高度重視。未經 Vital 批准，他們不會做出任何積極的投資決定。

熟悉 AI 的領導人是否應該把一些利害關係人的管理工作交給科技？回答這個問題前，你需要先了解 AI 是否能夠理解決策的背景。人類利害關係人的確可被視為情境資訊，包括他們的需求、期望、在意點和回饋意見，組織會利用這些資訊來制定決策。當你採用 AI 時，良好的利害關係人管理意味著你了解利害關係人的需求與期望。在此理念的基礎上，你需要問自己，AI 是否能夠理解利害關係人的需求與期望，然而在這方面，AI 卻有所不足。

　　AI 並不了解身為人類的意義，既然它無法感受或理解身為人類的經驗和意義，那麼為什麼它會關心人類呢？ ❽ 事實上，AI 並不在乎你明天會不會摔死，AI 根本沒有能力體驗我們所謂的「關懷」。人類利害關係人對 AI 來說只是數據點，AI 沒有同理心，它所處理的是沒有情感和需求的數據，這意味著，AI 將無法理解達到客戶期望的影響，因此，也無法進行批判性和反思性的元思維（meta-thinking），以照顧利害關係人的需求。

　　我們來看看阿南德・阿瓦提（Anand Avati）及其同事的工作，他們在 2018 年開發一種深度學習演算法，利用電子健康紀錄資料，來預測重症患者的存活時間。 ❾ 該演算法以優化所有原因死亡率預測的方式呈現，並允許將該預測模型，作為安寧緩和醫療諮詢的替代指標。腫瘤科醫師和其他護理人員可利用該演算法，來決定是否將重症患者轉介至安寧療護或繼續治療。使用這種演算法的原因是經濟上的考量。以前，腫瘤科醫師經常對繼續化療做出過於樂觀的預測。他們這樣做，顯然是為了延長患者的生命，但這種治療過於昂貴。深度學習安寧療護演算法的目標，是透過 AI 嘗試預測死亡時間的估計範圍，在成本超過效益時終止持續化療。然後，醫師可以使用 AI 的建議，說服患者選擇安寧療護。

　　毫無疑問，有些重症患者非常願意遵從腫瘤科醫師的建議，進行安寧療護諮詢。然而，有些患者可能對應該做什麼，抱持完全不同的期望，因此不願意停止治療，研究證實這一觀察結果。在決定提供何種治療時，患者的心理是很重要的，因為患者的心境會大大影響治療反應。事實上，依照患者的意願提供照護，往往能為一個人的生命增加寶貴的時間。❿ 然而，AI 對於這樣的心理一無所知，作為冷靜的決策者，它可以輕易推翻利害關係人的意願，直接做出不符合他們（受苦的病患）期望的決策。報告顯示，預後不佳的患者強烈傾向於接受重症治療（例如，加護病房、插管及靜脈注射），而非安寧療護，以獲得延長生命的機會。但如果 AI 成為我們思考的準則，那麼希望進一步治療的患者又該如何說服這個工具？你該如何說服一個既無法與患者進行臨終對話，也無法理解人們面對預後很差卻仍要接受痛苦治療的 AI 科技？

　　然而，假如 AI 負責照顧利害關係人，那麼它對人類利害關係人的潛在危害並不止於此。事實上，由於 AI 並不了解身為人類意味著什麼，它沒有能力看清對人類而言什麼是相關且有意義的。因此，如果企業領導人，相信利害關係人管理只是數據管理，可以外包給 AI，那麼 AI 損害利害關係人的風險將會成倍增加。以 Therac-25 為例，Therac-25 是一種用於癌症治療的電腦控制放射治療設備。**⓫** 原本由領有執照的技術人員負責的決策，在這個案例中完全交由機器處理。如果技術人員認為機器侵犯病患的利益，他們仍然有責任改由手動操控電腦軟體。康乃爾理工學院（Cornell Tech）教授海倫・尼森鮑姆（Helen Nissenbaum）在一份令人印象深刻的報告中，描述了一起事件：因技術人員未能改用手動操控電腦軟體，導致患者遭受致命的過量輻射，儘管患者在治療過程中痛苦地大喊大叫。**⓬** 即使患者明顯承受著劇痛，技術人員仍認為輻射不可能灼傷病患。

怎麼會發生這樣的災難呢？技術人員相信，Therac-25 擁有先進的軟體系統，在檢測異常狀況時，比人類更為優異。在後來的證詞中，技術人員辯稱，他們對 Therac-25 軟體的故障變得「不敏感」，特別是因為他們曾被告知「這套系統幾乎不可能讓病患接受到過量輻射」。將病患的照護外包給 AI，導致醫療照護機構形成一種「電腦最了解」（computer knows best）的心態。不幸的是，這種心態導致技術人員失去對工作的積極參與而造成疏失。

當你將 AI 帶入利害關係人管理時，需要採取何種思維？以下是一些建議，幫助你在這個過程中進行有效的管理。

首先，AI 不是一種可以幫助你將利害關係人的利益放在中心位置的工具。這項技術只是把利害關係人視為數據點而已。AI，尤其是組織中經常使用的監督式機器學習（supervised ML），會將觀察結果回歸到平均值，並避免用異常值來進行預測。即 AI 將無可避免地會透過參考某個族群的平均值，來大致估計任何特定個體的需求。如果你是顧客或病患，但非典型的客戶或患者（根據分析的資料集），那麼 AI 對待你的方式，就會偏離你的真實偏好和需求。

　　其次，由於人類與 AI 將利害關係人視為簡單數據點的能力有所不同。因此，領導人顯然需要牢記人類智慧與 AI 並不相同。AI 的能力之所以被公認為是智慧的，是因為它具備從數據觀察中學習並從中推斷趨勢的潛力。這些能力使智慧型機器能夠根據已知的資訊做出決策。然而，當組織採用 AI 來提升績效並推動創新時僅僅依賴數據是不夠的，人類需要以超越我們已知的思維，突破現有框架來做出決策。當你想要將一個新想法或產品推向市場時，需要的不僅僅是對該市場已有的了解。為了面對這項挑戰，你需要人類智慧，其中包括想像、預測和察覺驅動利害關係人因素的能力。

　　第三，不斷提醒自己，如果將利害關係人管理的部分委託給 AI 做決策，主要是出於財務考量，那麼組織將面臨傷害這些利害關係人利益的高風險。在商業中，大多數決策都受到財務激勵的影響，這是可以理解的。更重要的是，你在做出財務激勵的決策時，必須認真思考這些決策將如何影響利害關係人的利益。如果每個人都很清楚 AI 採用專案獲得大量資金支持，那麼這些反思就不容易做到。事實上，研究顯示，財務激勵愈顯著，決策者就愈會避免做出更負責任的選擇。[13] 當 Facebook 被緊急要求清理其平台上的虛假資訊時，這種心理過程顯然發揮了作用。儘管社會與政府呼籲，但根據 Facebook 前 AI 總監瓦昆‧基諾內羅‧坎德拉（Joaquin Quiñonero Candela）的說法，該公司放緩了處理不實資訊的任何措施，因為這些措施會損害該公司市場占有率的成長策略。

第四，始終關注利害關係人的利益。努力識別可能會受到 AI 採用專案影響的所有利害關係人，了解他們的利益是什麼，以及這些利害關係人會如何受到你的決策影響。這項工作包含 2 種不同類型的反思。首先，思考如何避免在部署 AI 時，損害你已確認的利害關係人利益。其次，仔細思考如何使用 AI 來確保利害關係人的利益。如此一來，你在推動 AI 採用專案時，既可降低風險，又能提升 AI 帶給利害關係人的利益。

社會：經常被遺忘的利害關係人

身為熟悉 AI 的領導人，你可以找出決定採用 AI 所涉及的

所有利害關係人。乍看之下，這似乎是件簡單的任務。但大多
數企業領導人主要回應的利害關係人，即員工和客戶，他們認
為這些利害關係人會立即受到採用 AI 決定的影響。在許多企
業領導人的眼中，這些都是營運上的主要利害關係人，但經常
被遺忘的利害關係人是社會大眾。

　　例如，使用 AI 的決定，可能對社會上不同的群體造成不
同的影響。以波士頓校車調度系統為例，它影響許多家長的利
益。兩位麻省理工學院的畢業生建立一套演算法，藉由重新規
劃數百輛為波士頓地區學校提供服務的公車路線，來改變學校
的上課時間。該演算法被用於一項計畫中，以削減該地區超
過 1 億美元的交通預算。大多數高中生的上學時間被往後延，
而小學和國中的上學時間則被挪到較早的時段。這些上學時間
的變動，造成早上 7 點 15 分到 9 點 30 分之間的托兒空檔。這
段時間內有些學生還在家，而有些學生則已經到學校。結果，
一些家長被迫大幅變更工作時間表，甚至尋找其他工作。家長
們的憤怒是可以理解的，他們在網路上簽名請願，並向學校投
訴。新系統與家長的不滿，最終導致時任市長馬蒂・華爾希
（Marty Walsh）面臨最大的危機之一。最後，波士頓市政府放
棄該項計畫。

　　這種缺乏對社會這個利害關係人的重視，說明你不能只考

慮哪些利害關係人會在短期內受到影響。你還需要識別那些無法立即看到、可能只會間接或長期受到影響的利害關係人。基於這個原因，聰明的領導人必須意識到，採用 AI 的決策本身就帶有兩難的處境。你需要在長期利益與短期利益之間、公司利益與社會利益之間找到微妙的平衡。

在這方面，你必須擔任一個負責任且具有道德意識的企業領導人。企業的聲譽在很大程度上取決於領導階層的誠信，作為對重大的道德挑戰與困境具有敏銳洞察力的企業領導人，隨著 AI 進入組織，你的聲譽只會變得更加重要。❶ 當部署 AI 時，員工期望領導人更加關心他們所使用 AI 的道德性，以及它可能對更廣大的社會造成的潛在危害。作為熟悉 AI 的領導人，你需要提醒自己，使用 AI 的決策不能造成不道德的結果或歧視性行為，這樣的例子比比皆是，包括亞馬遜的演算法徵才，結果被證明存在性別偏見，以及英國使用演算法來減少學生成績評等的偏見，導致來自貧困學校和社區的學生受到懲罰的事件。❶

在決定採用 AI 之後，你將面臨最迫切的道德困境，那就是如何與害怕失去工作的員工溝通，並做出回應。身為企業領導人，你將面臨裁員與提高自動化的壓力，這是不爭的事實。調查顯示，今日的組織期望自動化能減少 30％到 40％的人力。[16] 作為企業領導人，你的預設反應很可能是試圖保護你在 AI 方面的投資，並將客戶視為主要的利害關係人。你希望在轉型提供自動化服務的過程中，確保客戶對公司的忠誠度。

然而，身為對 AI 與企業有充分了解的領導人，你需要嘗試在達成健康的財務狀況，以及對直接利害關係人和社會大眾公平且合乎倫理之間，找到平衡點。你需要考慮當採用 AI 導致工作機會大量流失時，會對社會造成什麼後果。以包括社會在內的廣義方式來確定你的責任，而非以主要考慮 AI 對客戶影響的狹隘方式，這才是當今所有利害關係人都希望從企業領導人身上看到的領導風範。作為領導人，該如何投資以確保決策是基於理解和管理 AI 對社會的影響？

其中一個方法就像 Hugging Face 這家由法國創業家創立，並在美國和法國成長的國際化公司一樣。該公司的 AI 倫理小組規模龐大、專責且資源充足，由技術、法律、哲學及商業專家組成，其職責範圍廣泛，可有效介入該公司提供的各種 AI 服務。[17] 該小組被設計分散在整個組織中，並且讓所有相關人員共同承擔責任，承認與了解公司工作的倫理風險。在極端情況下，如果倫理影響評估顯示出重大的實質損害，該道德小組可以要求停止專案。在其他大多數情況下，該小組會協助公司的各個專案思考並處理潛在風險。

　　現今的企業領導人也愈來愈常受邀參與公開討論，指出他們認為自己在組織使用 AI 決策上的責任。如果貴公司的 AI 採用對許多人的工作造成影響，那麼你就需要解釋如何解決這些失業所帶來的財務負擔。

　　你將面臨的兩難是，企業大量使用自動化來取代人工勞動力。那麼企業是否需要繳納某種形式的「自動化稅」。從道德觀點來看，如果你的組織只關注於 AI 所帶來的利益，卻沒有為自動化對社會所造成的負面影響，承擔應有的責任，這是無法令人接受的。因此，商界領袖開始在這場討論中表態。例如，比爾・蓋茲（Bill Gates）等人贊成確保企業在自動化時繳納其應繳的稅款，而韓國則減少對企業僱用機器人的獎勵。這樣做是有充分理由的。麻省理工學院教授阿諾・科斯蒂諾（Arnaud Costinot）和伊凡・韋寧（Iván Werning）的研究顯示，對機器人徵稅確實會產生影響，儘管影響不大。[18] 他們的研究結果指出，在美國，企業逐漸使用更多機器人確實會導致收入不平等，但研究人員補充說，對僱用機器人徵收適度的稅款，有助於減少這種不平等。

· · · ·

在採用 AI 時，熟悉 AI 的領導人必須理解、識別並預測其使用對所有利害關係人的影響。這樣的做法需要身為領導人的你，從每個利害關係人的角度出發，以負責任的態度行事，盡最大努力為他們的利益服務。當你將 AI 的採用過程理解為「以人為本」的策略，在決定使用 AI 時，以道德與負責任的方式思考與行動，就會變得更容易。在第 7 章中，我們將深入探討何謂以人為本的 AI 策略。

7

培養同理心
EMPATHY

採用以人為本的 AI 策略

我曾經問過一位高階主管，他的組織正處於數位轉型，公司使用 AI 是否以人為本？他向我保證「是的」。然後，他有點猶豫地補充說：「但 AI 系統的最終使用者不都是人嗎？如果是這樣，那麼使用 AI，不就是默認以人為本的做法嗎？」

也許你會覺得這位高階主管的立場非常合理。因為我們在人類組成的公司中部署 AI，而且是為了人類而做，因此一定是以人為本，對嗎？未必如此。領導人若沒有更深入、更嚴謹地思考以人為本的方式來運用 AI，將無法掌握 AI 的精髓。

在組織中採取以人為本的 AI 方法是多面向的。❶ 這意味著，你以負責任和適應性的方式採用 AI 技術，從多方面改善員工的績效、工作生活和體驗。當然，這些層面包括效率，也涵蓋了員工的幸福感、自信心，以及對工作的自主感。透過以人為本的方法推動 AI 的使用，是為了協助人類完成工作，而不是取代人類。❷

既然我已經詳細說明了這一切，請再次問自己這個問題：你的 AI 運用是以人為本嗎？

為了讓大家明白這一點，請參考我認識的一家公司科技長的例子。他非常渴望將 AI 引進公司，並決定讓負責生成公司關鍵報告的部門（例如，評估新行銷活動的影響、銷售情況和交貨時間）由演算法來監督。他補充說：「資訊需要保持流通，而且最好是以更快的速度。該部門應該提供更精確的報告，我們需要變得更有效率。」

不久之後，該公司採用一種演算法來監控員工的工作進度，並根據他們之前的表現，持續調整目標（如報告的處理時間、銷售量的增加，以及服務交付的提升）。這個演算法還指出某位經理的哪些員工表現不佳。

經過一段時間後，評估結果顯示效果不如預期。相反地，員工的工作節奏不一，導致整體效率難以預測。雖然公司對報告有一定的可靠性標準，並將這些標準納入演算法中，但實際的報告卻未能符合這些標準。

機器監督產生反效果，員工覺得有壓力，被迫隨時保持最佳狀態；他們對自己必須完成的任務幾乎沒有自主權，覺得自己像是被當作機器人一樣對待。結果，他們犯錯、精神疲憊，並渴望更多、更長的休息時間，來遠離這種看似隨意設定的效率標準。由於壓力和不滿，員工缺勤率激增，離職率提高。

我被要求檢視員工的工作效率為何會降低，儘管演算法已經產生明確的數據和如何行動的目標。但我並沒有從建議改進演算法開始著手。我首先與科技長討論員工的行為。我向他解釋，人有好日子也有壞日子，而這種變化是可以接受的，因為好日子和壞日子之間的差異，讓他們變得有創造力，使他們能夠反省，並幫助他們學習，以便他們下次可以做得更好。更重要的是，組織對於員工的容忍度，會讓員工感到更舒適、放鬆和投入，因為他們的組織理解他們是人類。

人們的行為並非總是一致的，因此，當演算法要求他們適應逐漸且持續增加的工作節奏時，他們會倍感壓力。因此，領導人應該給予員工休息時間，或者更好的做法是，讓員工自己表明何時需要這些休息時間。這樣，他們就可以進行**反思性拖延**（reflective procrastination）。在這種拖延的情況下，你會延遲一些工作，不是因為你懶惰或效率低下，而是因為你覺得有必要從不同的角度來看待你的工作。研究顯示，較長的休息時間可以產生更好的效果，因為員工會進行更多的思考，也會更有創意。❸ 因此，有時放慢工作節奏比持續施加壓力，要求員工盡力完成由演算法產生的目標會讓員工表現得更好。

與科技長談了幾次之後，幾個月過去，這位主管才聯絡我，告知最新的情況。他告訴我，他決定採用我的建議。科技長調整演算法，將工作中顯示的行為變化納入考量。例如，演算法現在考慮到人類的傾向，像是以不同的方式處理截止期限（有些人需要截止期限的壓力，有些人則害怕它）。如果員工在工作或生活中經歷困難時刻（譬如離婚或家人去世），演算法也允許重新調整工作節奏。此外，AI 也透過線上與面對面的冥想課程，來關注員工的心理健康。這些數據都是由人力資源部門協助蒐集，並對相關的員工進行解釋。

　　修改後的演算法和方法奏效了。現在，與採用 AI 之前相比，報告完成得更快，包含的資訊也更可靠，而且所有一切都是以尊重人性的方式實現。員工現在可以針對演算法設定的工作步調，提供回饋意見。如果設定的目標要求過高，他們也可以提供生活中發生事情的資訊，以調整工作節奏。

　　如果你的 AI 採用失敗或失去作用，請記住，這通常不是技術問題，而是對參與過程的人員缺乏足夠的關注。如果你想要防止 AI 採用專案失敗，進而避免因對待人員的方式而在業界留下負面聲譽，你必須學習如何發展以人為本的方法來部署 AI。在本章中，我將告訴你為什麼領導人通常不重視這種方法，以及你如何成功發展出屬於自己的以人為本的方法。

員工渴望有意義的工作

　　企業領導人在做出艱難的決策時，通常會思考哪種方法能讓股東獲利、生產力或效率最大化。當他們採用 AI 時，也會運用相同的理由：讓經濟報酬最大化。不過，這個決策過程是基於這樣的假設，即員工的行為是完全理性的，會受到效率與生產力最大化的目標驅動，而且人們願意像機器一樣工作。

　　但人類並不是完全理性的行為者。他們會從其他來源獲得快樂，而且工作表現也不會因為接觸到提高效率和生產力的方法而獲得改善。人類也希望他們的工作具有內在動機和意義，而不僅僅是把效率或生產力最大化。因為人們的動力來源可能來自以下幾個方面：感到有能力、被接納、受尊重、有自信，以及被視為有道德且充滿好奇心。

　　從許多方面來看，對於熟悉 AI 的領導人而言，更重要的工作（也可說是更艱難的工作）並非在技術層面達到完美，而是培養對員工的同理心。不過，似乎很少有領導人了解這一點。當我參加一家經常向我諮詢的公司所舉辦的研習會時，我再次面對這個現實。該公司的一位代表向客戶做簡報，介紹該公司提供自動化服務的優點。簡報中充滿 AI 的技術細節，讓聽眾印象深刻。最後，只有在最後一張投影片上，主講人才提到工作文化對員工工作動力的重要性。

　　簡報結束後，我問主講人，如果採用 AI 技術的公司擁有一種組織文化，能鼓勵員工學習、嘗試，並從這項技術工具的應用中找到意義，那麼 AI 是否會發掘更多的好處。他說，絕對可以。接著，我又問，如果他幾乎沒有談到必須同時創造一種工作文化，以培養團隊對 AI 應用的好奇心和實驗精神，那麼他認為 AI 的好處（更高的效率和生產力）如何能幫助客戶採用 AI。他的回答很簡短：「好吧，不管怎麼說，還是技術的問題，不是嗎？ AI 會決定你的公司成功與否，所以我主要談論的就是這一點。」

　　即使大多數商界人士持不同看法，我們也無法忽視一個事實，那就是如果不以人為本，採用 AI 將無法帶來企業領導人所期望的重大成果。熟悉 AI 的領導人都知道，僅僅為了提高效率和優化利潤而採用 AI，並非正確的做法。如果你想讓組織成功，僅有這些理由還不夠。

以人為本的方法為何有效

效率並非一切

　　如果你侷限於效率是唯一重要的想法，那麼你的組織在策略上會受到限制。這樣做會讓你忽視員工和其他領導人的創造力和解決問題的能力，尤其是那些 AI 可以協助解決的挑戰。相反地，你將仰賴 AI 來產生最佳預測，以有效應對環境的變化。這種以數據為驅動的策略只有在商業環境穩定且重複的情況下，才能發揮良好作用。❹（眾所周知，這樣的環境很少見。）由於市場和產業不斷變動，企業需要獨特的人類技能，讓你的組織能夠以敏捷和創造性的方式進行調整，而這些方式有時會偏離最佳預測模型。

但是，如果你採用 AI 主要是以追求利潤與效率最大化為動機，那麼你將塑造一種文化，讓員工倍感壓力，覺得自己必須與機器做決策的方式保持一致。這種做法缺乏對人類處境（the human condition）的尊重，最終將會對你不利。採取這種策略時，員工只能圍繞著技術而工作，成果無法實現，離職率上升，創新力下降。而你在市場上的聲譽也會受損，以至於優秀的人才不願意與你的公司打交道。

因此，採取以人為本的 AI 採用方式，尊重人類的處境，因為它需要保障 AI 在組織中的倫理性與公平性。人們在乎是否受到公平對待，因此，他們認為對所有利害關係人負責且合乎倫理地使用技術，對於組織的使命和身分非常重要（請參閱第 3 章和第 6 章）。當透過採用 AI 追求利潤時，你會經常面臨倫理困境。你必須在有利於組織的選項，與那些雖然限制獲利但卻有利於其他方的選擇之間，做出抉擇。

例如，假設你的員工目前的技術水準限制組織的初期 AI 採用工作。接著，你可能會面臨這樣的選擇：解僱未具備數位化技能的員工，或是投資昂貴的訓練計畫，讓這些員工繼續留下來。裁員也許看起來更有效率，因為裁員可以讓你更快地採

用 AI。但在訓練上的投資是以人為本的選擇，它會考慮到 AI
對員工生活的影響，並協助你保護公司作為道德雇主的聲譽。

像重視利潤一樣重視員工

　　如果你只著眼於利潤，你會覺得自己只要對股東負責，而
對員工的責任則較少，因為你主要是利用員工來達到利潤最大
化。但我們也知道，組織確實對其他利害關係人，包括員工和
社會，負有道德責任（詳見第 6 章）。在摩根大通執行長傑米・
戴蒙（Jamie Dimon）主持的 2019 年美國商業圓桌會議（Business
Roundtable）上，包括美國一些大型公司領導人在內的與會者，
普遍贊同這樣的觀點：今後的組織決策不僅應包括股東的利
益，還應包含所有利害關係人的利益。❺

　　組織需要將對人類的尊重放在中心位置，並將其視為至少
與公司追求利潤的責任同等重要。熟悉 AI 的領導人不會要求
員工完全依賴或適應 AI 的運作方式。例如，歐盟新推出的 AI
法規非常重視人權，並明確指出必須公平且人道地對待人們。
❻ 類似的主題可以在美國白宮最近公布的《AI 權利法案》（*AI
Bill of Rights*）中找到。❼ 當部署 AI 時，你有道德責任以人道的
方式對待員工。而這種對待方式需要採取以人為本的 AI 方法，
這種方法是提升而非降低人類的處境。

　　例如，當一家當地計程車行決定集中監管客戶來電時，引進一種演算法，可以計算並決定每位司機所收到的資訊。該車行的執行長告訴司機，採用 AI 是讓他們更有效率，同時最大化他們可以服務的客戶數量。AI 專案開始進行幾週後，我訪談了幾位司機。其中出現一個共同的問題：司機們認為他們不再能夠控制自己的工作。他們認為自己受到過度的監控，並主張演算法的使用剝奪了人性，因為他們無法按照自己的直覺行事，雖然這種直覺對客戶更友善。他們覺得自己好像被當成機器人一樣對待。這些訪談過後的幾個月，我和執行長見面，得知他正在考慮調整演算法或完全取消，因為他的司機一直在流失中。他說：「他們來上班，但也很快就離職。我得做些什麼，但是該怎麼做呢？」

　　我告訴他不要取消使用演算法。我深信 AI 可以協助該計程車行更有效率地調度司機，最終幫助他的企業獲得更高的利潤。但是，我補充說，只有讓司機對他們的工作有一定的自主權，演算法才能幫助他取得成功。我建議他定期召開回饋意見會議，討論他們如何與演算法協作，並讓司機在需要時休息，而不是只有在演算法計算出他們需要休息時，才讓他們休息。

　　熟悉 AI 的領導人，你不能一方面崇拜 AI 的高效力量，一方面卻將員工視為可隨意部署的程式碼。你需要認清員工能為 AI 採用專案帶來獨特價值，並培養這些特質，以顯示你尊重員工的人格。因此，員工就會更覺得自己受到重視，對 AI 的抗拒也會減少，並能提供更有效率、更具盈利性的工作成果。

AI滿足人類需求，但不會取代人類

對於部署 AI 的組織而言，正確的目標是利用 AI 來增加人性在組織中的比重和影響力。唯有如此，組織才能更有創意、更有效率地為所有利害關係人創造價值。因此，作為一個以人為本且熟悉 AI 的領導人，你需要促進人機協作，讓 AI 與員工互動，同時尊重他們的認知能力，而不是要求他們向機器低頭。只有這樣，才會有更好的表現績效和更高的生產力。AI 需要考慮到人類的行為，其中包括非理性和習慣。

如果 AI 的調整方式能考量到人類的行為傾向，那麼員工在使用此工具時將會有更順暢的體驗，並將其視為友善且可協作的工作夥伴。例如，西北大學（Northwestern University）教授揚・范・密根（Jan Van Mieghem）及其團隊進行一項研究，他們檢視中國最大的電子商務平台阿里巴巴（Alibaba）物流部門的訂單執行作業。❽

這些研究人員想知道，採用傳統的最佳化演算法來規定訂單包裝指示（即哪些物品要包裝、以何種順序包裝、裝在哪個盒子或箱子中），是否可以提高箱子容積的使用效率。密根和他的同事發現，有超過 5.8％的包裝是工人們偏離演算法的規定，這些包裝通常是改用比建議更大的箱子。為了讓工人更有效率而引進的演算法，並未產生符合預測模型的結果，主要是因為人們往往不會嚴格遵守任何最佳化模型。然而，研究人員加入一個實驗條件，在這個條件中，他們透過考慮到工人使用較大箱子的傾向以及他們的其他偏好，來調整演算法。當這個以人為本的裝箱演算法投入使用時，結果令人驚訝。只需透過預測並納入人類行為，以人為本的 AI 就能讓工人減少偏離最佳化模型，並成功改善他們的工作表現（也就是減少目標包裹的平均包裝時間）。

　　我也造訪一家正在崛起的國際製造公司。隨著幾乎每天都有新客戶湧入，該公司已將採購流程自動化，並進入電子商務領域。這家公司的國際客戶群快速成長的原因之一，是它在產品中加入許多特殊的客製化選項，這些選項是其他公司所沒有提供的。儘管這在推動銷售上是具有吸引力的因素，但也存在 2 大問題。首先，雖然某些精明的客戶喜歡廣泛的客製化選項，但一般顧客往往因為選擇太多而感到無所適從，也不知道該如何做出最佳選擇。其次，眾多的選項造成管理上的瓶頸，因為每個客戶的訂單都必須經過人工評估和驗證，以記錄不同的客製化偏好。

　　經過一段時間後，單位主管決定使用演算法來分析客戶偏好，並找出哪些類型的客戶傾向於選擇哪些客製化選項。接著，新客戶可以根據其個人資料，看到一份訂單表單，其中包含預先選取類似資料的舊顧客最常選擇的選項。這種 AI 的運用有助於減少不太精明的客戶做決策，他們現在只需勾選預設值即可。而且，由於管理員現在看到的訂單表單更加一致，因此，他們更容易加快驗證和處理的速度。

如何以人為本？

人類優先，AI次之

　　身為熟悉 AI 的領導人，你必須向員工保證 AI 並非優先考量，他們才是優先的。說明你打算如何使用 AI 來幫助員工在各個層面取得進步，例如，工作績效、福利及職涯前景，並全面公平地對待員工。傳達這項訊息的重要性不容小覷。調查顯示，78％的員工認為雇主有責任確保他們的整體福祉。❾

　　除了傳達「人」是你在採用 AI 過程中的核心之外，你也需要將以人為本的重視延伸至整個組織。例如，如果你的人資部門正在蒐集數據，以預測員工的動機、績效，甚至他們可能離職的意圖。身為領導人，你必須確保該部門對員工完全公開透明，讓他們知道正在蒐集哪些數據，以及這些數據將如何使用。此外，人資部門也必須避免將員工視為數據點。相反地，作為一位理解 AI 與人類需求之間平衡的領導人，應該要求組織內所有部門在溝通和執行計畫時，使用尊重員工人性和情感需求的方式。

　　請參考以下案例。在東南亞一家跨國公司的當地部門，人資部門主管與總經理之間的電子郵件通信中，被發現僅以員工編號稱呼員工的訊息，並以非人性化的方式談論員工。例如，人資主管在一則訊息中表示，員工編號 XX13baXX 未能下載所要求的公司應用程式，因此，根據合規程序，被列入 B 類，限制使用公司資源 2 天。如果再發生 2 次未遵守規定的情況，那麼員工編號 XX13baXX 將被視為即將進行的變革專案的高風險人員。不幸的是，這封電子郵件不小心寄錯了對象。錯誤的收件人立即將電子郵件分發給同事，於是有些人向總經理投訴。這些投訴迫使總經理發表道歉聲明，並要求以人道和尊重的方式談論員工。

　　最後，作為領導人，你還必須與 IT 部門和技術開發人員密切合作，以確保所使用的任何一種 AI 都會考量人類的認知能力和習慣。演算法開發人員需要考量員工的個別差異和偏好，然後蒐集這些數據，並將其納入 AI 方案中。如此一來，技術專家就能協助創造一個工作環境，讓員工感受到 AI 系統更容易存取、理解且更值得信賴。

以安全的方式提升人的績效

在你的組織採用 AI 之前，你需要在 2 個重要議題上，與相關的技術專家（IT、數據科學家、開發人員）和人力專家（人資部門）合作。你們應該一起評估是否有適當的基礎架構，以及是否已採取必要的措施，來確保 AI 系統對人類員工是安全的。

從以人為本的角度來看，當 AI 可以被人類使用來提升其績效時，就可以視為安全的。為了促進人類安全，組織可從美國國家航空暨太空總署（National Aeronautics and Space Administration）和美國國防部（US Department of Defense）如何評估新技術的人類就緒程度（human-readiness）汲取靈感。❿ 他們使用技術就緒量表，來評估和測試他們想要採用的科技系統的潛力和安全性。同樣地，你也可以將你認為對 AI 擴充很重要的人類需求層面彙整在一起。因此，在實施 AI 之前，你應該列出一份清單，說明 AI 系統在運作時，究竟會如何尊重並提升人類的處境。

　　首先，這份清單必須提供說明，以確保 AI 易於存取，而且 IT 支援隨時可用。熟悉 AI 的領導人有責任確認 AI 可以順暢地轉換到員工的工作環境中，而且員工如果發現 AI 產生干擾而非提升他們的績效，可以隨時提供回饋意見。其次，需要制定明確的治理規則，並讓員工和技術專家都知道。這表示你應該對員工公開透明地說明會蒐集哪些資料，以及打算如何使用它們。當談到資料蒐集與治理時，身為領導人的你必須堅持資料最小化原則，只蒐集與員工工作相關的資料。最後，這些個人資料需要儲存在員工易於存取的地方。盡量避免將員工的私人資料存放於你正在使用其產品、軟體和服務的第三方公司的伺服器上。

賦予員工自主權

　　如果你將 AI 描繪成一種優化工具，可以幫助員工成長、獲得授權並提升表現，那麼員工需要感受到與你所傳達訊息相符的自主感。由於媒體將 AI 描繪成一種新型的自我學習智慧，有望與人類智慧相媲美，因此，你的員工將會對 AI 的使用方式心存疑慮。他們會質疑內部決策邏輯是否公開透明，以及他們是否會受到公平對待。

為了排除這些疑慮，你必須確保員工在其負責的任務中，擁有完全自主的決策權。換句話說，他們必須保留討論是否接受 AI 所提供的服務，或是否需要根據他們的回饋意見來調整 AI 賦予員工退出與 AI 互動的權利。

增進員工福祉

以人為本的 AI 需要一種整體方法，將員工視為一個完整的人，並激勵他們做更多的事情，而不是單純的勞動。AI 的部署還必須增強員工的自信心，遵守基本的道德規範，並提升員工的幸福感和滿足感。作為熟悉 AI 的領導人，你必須運用以人為本的原則，並尊重人權，包括員工的福祉。

照顧員工的身心健康，與採取行動來改善他們在組織中的工作條件，二者相輔相成。為此，你需要表現出富有同情心的領導力，並營造一種將心理健康視為優先事項的工作氛圍。

為了提升你的柔性領導力（compassionate leadership），你必須訓練自己的換位思考（perspective-taking）技巧，並磨練自己的寬容能力。首先，同理心要求你不僅僅從自己的角度看待事物。從不同的角度看問題，可以幫助你更深入理解為什麼人們可能會有這樣的感受或行為。身為領導者，你可以主動尋求熟悉的人際網絡以外的人提供回饋意見，並尋求不同的觀點，來改善這項技能。熟悉 AI 的領導人，每分每秒都會保持開放的心態和學習的態度，因為這種方法將增加他們接觸新想法和不同生活觀點的機會。其次，透過鼓勵員工與 AI 互動的過程來培養寬容的藝術。當然，並非所有這些實驗都會成功，你必須願意接受 AI 採用階段的失敗。因此，你可以建立回饋圈，讓員工和主管一起調整和重新評估 AI 的使用。

　　為了妥善照顧員工的福祉，你需要設立一種規範，鼓勵員工談論心理健康問題及其工作壓力的來源。為了建立這樣的規範，你必須透過言語和行動表達出你關心這個問題。例如，你可以與人資部門合作，在每天的特定時間安排正念冥想課程。人資部門也可以為員工舉辦輔導課程，讓他們學習調節壓力和負面情緒，並定期進行評估，了解員工是否有工作壓力，是否需要一些心靈放鬆時間。

· · ·

　　儘管許多企業領導人認為採用 AI 始終是為人類服務，但熟悉 AI 的領導人知道，情況並非總是如此。他們意識到，需要投入大量的精力和時間，以確保所有的人類利害關係人在組織使用 AI 的過程中，感受到尊重和授權。將以人為本

的方法應用於 AI 的採用上，需要一種思維模式，即身為領
導人的你應將人類（而非 AI 本身）視為組織的優先考量。
當你擁有這樣的心態時，將會意識到必須以特定的方式使
用 AI。在第 8 章，我們將著重於如何使用以人為本的 AI 來
提升員工技能，而非僅僅自動化某些工作流程，讓 AI 代替
他們。

8

確立使命

MISSION

增強員工的能力，

而非完全依賴 AI

我和一位 IT 業界的企業主管談過，他負責銷售以 AI 為基礎的解決方案，以推動自動化。他對自己的工作充滿熱情，最近他告訴我，AI 是我們當今擁有最好的東西，可說是雙贏。

「怎麼說？」我問道。

「嗯，首先，AI 對我來說是很棒的生意；其次，對我們的客戶來說也是很棒的生意。對他們來說，這是絕對的成本殺手。有什麼理由不愛它呢？」他微笑說道。

我說：「沒錯，削減成本，以賺取利潤，讓商業世界發生轉變，但人的代價呢？」

「怎麼說？」他問道。

我說：「如果你的主要重點是盡可能自動化，那麼對人類的影響呢？這會讓你何去何從？」

「我？」他驚訝地問道，「這跟我有什麼關係？我只是歡呼著因自動化科技發達而賺錢罷了！」

我繼續追問他對未來情境的看法，例如，AI 系統將編寫我們的商業報告，而另一個 AI 系統則會評估這些報告的品質，以此作為商業策略，或是由 AI 作為招募人員，來面試和評估要僱用的新 AI。

他說，顯然這種情況是不對的，因為人類最終會走向何方？

「沒錯，」我說道，「如果你一味地喝采、推銷 AI 驅動的自動化，而不去考慮它，最終你會落得什麼下場？」

他的表情變得黯淡，開始思索自動化的真正功能應該是什麼。

自動化在企業中的重要性與日俱增。據估計，最多有 60％的工作活動都可以被自動化，而且橫跨各種職業領域。❶ 這個趨勢不會減緩。畢竟，組織都在尋找更標準化、更精簡的方式，以便更快速、更長時間且更有效率地工作。從這個角度來看，對人類進行大量財務投資並重新設計工作流程，幾乎沒有什麼好處，因為人類疲累得快，也更容易偏離簡化的業務流程。自動化是人們的首選，而包含資訊處理且不需要太多創意的工作也正在自動化。因此，除了那些明確需要創造力的工作（只占一小部分）之外，其他大多數工作都可能瀕臨自動化的邊緣。

然而，我們不能創造一個人類不再參與就業市場的世界，或者更糟的是，人們無事可做。這不是 AI 誕生的目的。創造 AI 是讓我們能以更有效率的方式，做有益於人類的事情。商業界也這麼認為嗎？他們是否將採用 AI 視為一種自動化任務的方式，藉此增強人類的能力，讓我們可以擔任新設計的工作，而不是完全取代我們？我不太確定。雖然企業領導人很容易理解自動化、生產力與效率，但大多數人都不夠精明，無法了解「增強」（augmentation）的真正意義。

我有幸與一家全球金融服務公司的董事會成員討論過這個話題。她解釋說，總體而言，企業領導人發現很難理解投資 AI 以增強人類潛力的真正意義。她很難想像，增強能力的策略將會以何種形式出現，也很難預測其財務後果。由於缺乏明確性，尤其是財務上的不確定性，押注於 AI 自動化對她來說，似乎是風險較低的選擇。自動化任務將更有助於實現其公司的營利狀況，並使公司的管理策略更加一致。畢竟，一體適用的做法較容易管理，也能優化成長策略，而投資讓員工以自己獨特的方式與 AI 協作，則會招致太多不負責任的複雜問題。

這位董事會成員解釋說，該跨國公司認為，將公司資源投資在員工身上，透過以 AI 的方式來增強他們的能力，成本太高，風險也太大。她告訴我，我對 AI 在工作場所的未來的看法是不可行的。我們繼續進行激烈的對話，但最後，我說服她以不同的方式思考，並解釋說，如果未來幾乎所有的事情都自動化，而目的只是為了維持一體適用管理系統的品質，那麼任何一家公司都無法從中獲益。

在商業世界裡，如果只有人類機械式地遵循與 AI 相同的精簡操作，這樣的世界有什麼價值？我問她，如果你的組織經歷不穩定的產業變遷，需要員工能夠創新思考、積極參與創新、以同理心與你的客戶互動，你認為會發生什麼事？我強調，一直與客戶交談的不是執行長，而是你的員工。你需要照顧員工來服務你的客戶。因此，如果不投資於增強員工能力，而只考慮自動化，你的公司在使用自動化策略時，可能會暫時運作良好，但長期而言，最終還是會失敗。

在我們閒聊一週後，我收到她發來一封電子郵件，信中說她在上次董事會會議上，以傳達不同的訊息作為開場。她想對公司採用 AI 只被視為降低成本的主流想法，提出更多批判。她認為，當一家公司正在部署 AI 時，領導人的工作是進行必要的投資，重新設計工作，以便賦予員工權力，讓他們有更多的時間去做他們擅長的事情。她回憶說，當她說出這番話時，很多人都面露驚訝。但最終大多數董事會成員都願意加入討論。她逐漸成為一位精通 AI 的領導人。

是的，AI 的採用，尤其是包括自動化那些會分散員工注意力、遠離自己優勢的工作，以及過於重複、不需要創造性輸入的工作。自動化會取代人類浪費時間的工作。隨著工作的自動化，人們可以透過更具創意的方式工作，進而鼓勵創新和提高生產力。因此，任何 AI 採用專案的重點，都是透過提升員工在創造力、解決問題等人類獨有的技能來幫助員工成長。

熟悉 AI 的領導人會透過投資於組織中人類職能的長期建置，來推動 AI 的採用；他們也會經由重新設計工作，並賦予人類獨特的能力，來進行創造與創新。在本章中，我將闡明自動化與增強能力之間的關係，並提供你從自動化轉型至增強能力的策略，方法是專注於創造新工作的需求，以鼓勵和賦予人類創造力。

領導人普遍缺乏提升員工能力的策略

自動化對勞動力的威脅並非新鮮事。在歷史上有許多技術的興起，影響了人類的工作流程，從 1439 年的印刷機到 1993 年的網際網路。現今，我們擁有 AI 科技，它既能降低勞動成本，也能減少人類工作中的缺失。這次，自動化的威脅明顯不同，因為 AI 的自我學習能力，讓它可以模仿，有時甚至超越人類的認知能力。

我在高階主管的培訓課程中觀察到，人們似乎相信 AI 是一股不可阻擋的力量，會搶走工作機會。對於我的許多高階主管學生而言，AI 領域的進步令人興奮，似乎讓他們難以提出使用 AI 工具時該謹慎的理由。他們的焦點在於 AI 所帶來的經濟利益，而忽略人性的價值，長遠來說，甚至可能忽視了人性的存在。他們常說，AI 有可能為企業創造價值，對經濟成長的貢獻更勝任何其他員工，身為企業領導人，他們別無選擇，只能一心一意追求自動化策略。

正如一位與會者告訴我：「隨著時間推移，組織及其領導人幾乎將被迫以各種可能的方式適應 AI。這一點毋庸置疑，但這不是關於我們，而是關乎科技能夠以多快的速度發展，以進一步增加我們的財富。」另一位與會者的論點是這樣的：為什麼要把資金投資在最新的智慧型科技上，然後只把它當成員工的助手？而你還要支付這些員工薪資，以及要投資來提升他們的技能？從經濟角度來看，增強能力的策略對我而言毫無意義──我為什麼要同時支付 AI 和員工的薪資來完成一項工作？這比將工作完全自動化的成本還要高出 2 倍。

從短期的角度來看，這個推論似乎很有道理。的確，將自動化視為優先考量的公司都有提升一些績效。但這個故事的癥結在於，自動化對組織業務成長的貢獻最終會減緩，有時甚至會對組織不利。❷ 自動化充其量只是一種短期的解決方案，長期來說，會讓你的組織停滯不前，而造成這種情況有以下 4 種原因：

自動化導致工作碎片化

當企業實施自動化策略時，員工的工作往往變得更加零碎和分散。與此同時，如果企業領導人已經投資設計適合員工能力的新工作，讓員工能在更高層次上發揮，那麼工作碎片化就不會是一個問題。我還沒有看到這樣的回應。有很多人在談論，也有很多報告指出應該創造哪些新工作，但領導人不是沒有興趣，就是缺乏足夠的洞察力，以致未投入資源來設計和落實適合未來工作的計畫。❸

由於工作碎片化，員工容易陷入低薪工作，這是一種已被充分探討的工作極化現象。❹ 由於開發和部署 AI 的固有限制，要將低薪的體力勞動工作自動化，通常成本過高且困難重重（例如，僱用清潔工人通常比部署清潔機器人更便宜、更有效率）。另一方面，要將高薪的創意與策略性工作自動化，也同樣過於昂貴且困難。因此，自動化的主要目標是中間部分的工作，也就是日常行政和辦公室工作。當這些員工被取代時，他們無法立即提升技能，以從事更高薪的工作。結果，他們最終會淪為低薪和低階的工作，進一步加劇了不平等。

更糟糕的是，員工對此幾乎無能為力，因為自動化也降低了員工談薪水的條件。事實上，相較於以智慧型機器取代員工就能降低勞動成本，他們能為公司提供的東西就顯得微不足道。因此，身為熟悉 AI 的領導人，你必須清楚意識到，只專注於自動化的 AI 工作，將很快帶來倫理與公平風險。你的自動化努力可能會加劇工作極化，增加社會經濟不平等，進而引起動盪、不穩定和其他波動，甚至暴力。反過來，這些對不平等的反應也會威脅到你的組織，因為組織已經變得不那麼人性化，因此，也變得更無法適應波動。你自己為了盡可能提高效率所做的努力，可能會創造出一個對你的企業日益構成威脅的社會。

自動化為組織的未來身分帶來不確定性

隨著 AI 的採用，新型的工作者也隨之而來。身為企業領導人，你必須問自己，想要成為一家什麼樣的公司。組織對其利害關係人負有責任（請參閱第 6 章），熟悉 AI 的領導人必須將部署 AI 作為願景與策略的核心（請參閱第 5 章）。如果你已經採取這些行動，那麼你就能評估自己希望 AI 如何進一步塑造公司的成長。

例如，去年我在一次圓桌討論會中遇到一位主管，他在介紹他的數位轉型專案時充滿熱情，並且對於專案將如何進行有深刻的了解。與許多其他的簡報相比，他的簡報很出色，因為他知道他希望組織在未來會變成什麼樣子。他認為他的組織是以強烈的社群意識來運作，同時也對最新的科技發展充滿好奇心，因而能夠敏捷地運作。這個想法可以在他的願景中獲得認同，他清楚地指出 AI 應該增加客戶對其員工敏捷性的觀感。AI 應該能提升客戶在與其員工互動時所尋求的聲譽。客戶會認同員工對最新趨勢的了解，並總是會被激勵去尋找最好、最創新的解決方案，但他們是 AI 無法取代的。

　　身為精通 AI 的領導人，你不僅了解自動化所能帶來的財務效益，也會將眼光放遠。你會評估自動化將提供的勞動力，以及自動化實際上對員工的工作身分和工作動機造成的影響。

自動化將導致勞動技術下降

　　隨著愈來愈多的工作自動化，工作就會變得愈來愈單調乏味，事故和失敗的風險也隨之增加。例如，現今的航空公司飛行員駕駛飛機，由於自動化的緣故，他們實際執行的飛行工作很少，因此，無聊的感覺也會隨之而來。眾所周知，無聊會導致無法再培養做好工作所需的能力，而一旦再次需要這些技能時，你可能會行動遲緩。因此，無聊感可能會削弱飛行員的飛行技能，使他們在自動駕駛故障時準備不足，無法做出反應。

　　對航空公司而言，領導人必須以更多優質的訓練時數來彌補自動化飛行，讓飛行員能保持完整的飛行技能。不幸的是，業界的做法恰好完全相反。將更多任務委託給 AI，導致飛行員培訓成本削減，同時，航空公司也在降低飛行員的薪資和福利，並裁減員工。結果愈來愈少人選擇成為飛行員，許多人也選擇離開這個行業。久而久之，這些變化將意味著航班數量減少、客戶成本上升，以及選擇搭乘飛機的人變少。該產業正在以典型的方式部署 AI，即現在削減成本，卻長期侵蝕企業的活力，並沒有計畫或能力吸引新的人才加入該產業，以幫助其再次成長。這與精通 AI 的領導人的做法恰恰相反。

　　這樣的工作環境很快就會對你的組織造成不利影響。例如，2022 年美國當地一家名為共和航空（Republic Airways）的航空公司向聯邦政府提出請求，要求僱用經驗較淺的飛行員，以解決飛行員短缺的問題。諷刺的是，這家航空公司過度依賴 AI，但卻缺乏足夠的人力。這項要求遭到拒絕，因為美國聯邦航空總署（Federal Aviation Administration）認為，訓練和飛行經驗較少的飛行員技術不佳，將威脅到乘客的安全。[5] 2009 年 1 月 15 日，航空公司機長切斯立·「薩利」·薩倫伯格（Chelsey "Sully" Sullenberger）將一架空中巴士 A320 客機迫降在哈德遜河上，相信大家還記得這個故事。正如這位備受讚譽的前飛行員在 2023 年的一篇評論文章中指出：「頂尖的飛行員訓練與經

驗，確實是成功與失敗、生與死的分水嶺。在像航空安全這樣
至關重要的領域中，每個相關人員都必須深刻理解到『僅僅足
夠好』是不夠的。」❻ 因此，套用薩倫伯格的話來說，一個組
織因為更加專注於自動化而決定降低員工的技能，根本無法令
人滿意。

自動化削弱人類智慧的力量

我曾為一家食品公司提供諮詢服務，該公司正在實施一系
列新的自動食品販賣機。這些機器由技術人員負責維護。如果
機器發生故障，技術人員會在手機上收到訊息，而 AI 會告訴
他們該去哪裡，以及該使用什麼工具來解決預先診斷出的問
題。我很快就注意到，有了這種自動化設備之後，技術人員只
會機械式地遵循指示，根本不會思考發生了什麼問題。久而久
之，我發現技術人員失去獨立思考和診斷問題的能力。我從他
們當中的幾個人那裡聽說，他們一直在尋找新工作，因為目前
的職位讓他們感覺自己一無是處。

我決定與該公司的執行長談談，並詢問他除了遵循 AI 的
指示之外，對技術人員有什麼期望。他對我的問題有點困惑，
因為他顯然不希望技術人員只是遵循指示。他也希望技術人員
提供回饋意見，說明 AI 在預先診斷階段是否正確，以及必要

時如何改善自動化流程。然後，我問他，公司通常每週從技術人員那裡收到多少回饋意見。他打開他的筆記型電腦，並檢查數量。令他自己都感到驚訝的是，幾乎沒有收到任何回饋意見。

顯然，這位執行長並沒有意識到，幾乎完全自動化的流程，讓他自己的員工失去人類的身分和認同感。員工的回應方式是，他們不再把有用的思維應用在工作上。

對抗過度自動化所帶來負面後果的方法，就是透過長期投資來加強組織中的人力資源。身為熟悉 AI 的領導人，你必須認識到 AI 與人類智慧是不同的，兩者的價值取向也截然不同。其中一種無法取代另一種，因此，你需要對兩者都進行大量投資，才能從你的 AI 採用專案中創造你所期望的長期價值與經濟效益。你該如何從以自動化為主轉向以增強能力為主，讓 AI 為人類服務，為你創造價值？

如何從自動化到增強員工技能

致力於增強能力需要大量投資，因為新工作需要豐富工作內容並增加員工的認知責任，讓員工學習和成長，成為更好的自己。在這些 AI 與人類共同協作的新工作中，你的員工將需要掌握必要的技能，以幫助他們習慣與智慧型機器共事。熟悉 AI 的企業領導人需要投入大量的時間，仔細準備和重新設計工作，才能讓增強能力的策略成功。同時，他們必須安排必要的預算，投資在員工的技能上，讓他們能有效率地與 AI 協作。

你希望讓員工在人類生命早期發展的一項關鍵能力有更好的表現，而這也是公司最受益的能力：創造力。創造力需要一個鼓勵員工發揮想像、批判性評估新想法並加以反思的工作環境。員工需要隨時可以正確掌握大局，這樣他們才能實施新的、創新的解決方案。如果身為領導人的你能夠鼓勵這種創造力，便能贏得一支更投入且充滿熱情的工作團隊。這是一場人才的勝利。

然而，今天人們對這種創造力的必要性了解甚少。例如，最近我與一位高階主管交談時，他告訴我，他想要推行一項增強能力的策略。但他問道：「我該怎麼做呢？我看到 2 個問題。科技如何幫助實現這一目標，AI 的具體角色是什麼？以及我該如何讓我的員工一開始就具備創造力？」

這些問題都是合理的，事實上，熟悉 AI 的領導人必須清楚 AI 在創意過程中可以發揮的作用。但是，人類的創造力必須放在第一位。為了增加投資獲得回報的機會，你必須先賦予員工權力，讓他們盡可能發揮創意。不要忘記，人類有時會不理性，而且在提出新論點和新想法時速度較慢。讓我們來看看精通 AI 的領導人可以培養員工創意的一些方法。

不要期望完美，也不要事必躬親

當涉及到要在員工中建立更具創意的思維時，身為領導人，你不能在每個工作階段都要求完美，並跟進他們所做的每一件事。當你對員工提出的每個新想法都抱持過高的期望時，唯一的結果就是員工將更不願意分享任何其他想法，並且完全避免冒險。

為了更有創意地思考，你必須激發員工的創造力，並賦予在其專業領域中進行實驗的自由。作為領導人，你至少可以從兩方面幫助他們。首先，設定你不想看到完美想法的期望。你希望看到的是不落俗套的原始思維，而且這些思維可以在後續階段進一步塑造。其次，賦予員工時間和自主權，讓他們可以進行實驗、測試，並在必要時可以失敗再試。為了讓創新思維萌芽，工作氛圍需要讓人有心理上的安全感。這意味著，只要實驗符合創意專案初期設定的目標，就可以接受失敗。

在 Google 最近的一項計畫中，對於心理安全感與創造力之間的關係有深刻描繪，該計畫稱為亞里斯多德計畫（Project Aristotle），目的在了解是什麼讓團隊變得更有效率。❼ 在一系列的工作坊中，員工被置身於不同的情境中。在某些組別中，他們的想法得到支持和鼓勵，並獲得建設性的回饋；而在其他組別中，他們的想法會立即遭到公開抨擊和嚴厲批評。結果顯而易見。當員工感到不安全、不敢冒險或在彼此面前感到脆弱的組別中，新想法很快就會枯竭。事實上，在亞里斯多德計畫測試的各種措施中，心理安全感被認為是促進創造力的最重要因素。

鼓勵獨立行動和思考

給予員工發揮創意的時間固然重要，但更重要的是，讓他們自己決定如何發展自己的創造力。例如，讓他們自己決定何時休息，但要清楚說明，他們要對如何使用自己的時間負責。換句話說，培養一種負責任的自主感，讓他們知道可以掌控自己的創作過程。如此一來，當他們想出新點子時，你會讓他們更有自豪感。身為領導人，你需要定期調整員工的工作時間表和工作量，以避免打亂他們負責的創意過程。請注意，這個策略很可能會與你試圖使用 AI 所做的某些部分相衝突，也就是自動化以達到最高效率。如果 AI 已經就位，這項技術需要讓員工自行安排日程表。

激發好奇心

好奇心是創造力的引擎。當你的員工對某件事情感到好奇時，他們就會充滿活力和動力去學習並尋找答案。在這個過程中，他們更有可能從不同的角度來處理問題，並就如何解決問題提出各種想法。作為領導人，你可以透過鼓勵團隊提出有趣的問題來激發他們的好奇心。與其在專案一開始就清楚說明你期望得到什麼樣的答案，並因而限制任何探索的空間，倒不如讓你自己保持好奇心，並提出深思熟慮的問題，為專案做好準備。透過提出這些問題，你可以邀請員工加入，找出每個人都覺得需要解決的資訊缺口，然後聽取他們提出的想法。例如，在小組腦力激盪會議中，要忍住先提出自己想法的衝動。取而代之的是，用開放式的問題邀請大家提出想法，例如：「如果我們完全沒有限制，我們會做什麼？」以及「還有哪些方向是我們還沒有探索過的？」而且，不要馬上急著批評你所聽到的想法，而是嘗試類似這樣的問題：「我們有什麼有趣的方法可以結合這些不同的想法？」或「假設完美地執行這個想法，我們可能會繼續面臨哪些差距或問題？」

一旦你釋放員工的創意思維，就可以將 AI 引進並用於產生新的想法和內容。讓我以一組研究生和博士後研究員來說明

這個過程，這組團隊來自麻省理工學院的斯特拉諾研究小組
（Strano Research Group at the Massachusetts Institute of Technology）。
他們與波士頓的手工披薩餐廳 Crush Pizza 合作，讓 AI 創造披
薩食譜。❽ 這組研究員以網路上美食部落格中的數百種手工披
薩食譜為基礎，訓練機器學習模型。在訓練階段之後，學生們
確定了問題，目標是要盡可能產生多的新披薩構想。隨後，
機器學習模型開始發揮作用，並建立一個巨大的新披薩食譜
清單。這些食譜的創意極大，舉例來說，其中一種包含馬麥醬
（marmite，常見於英國、抹於麵包等食物上）和蝦子的組合。

　　你可以想像，馬麥醬（正如英國人所說，「你不是喜歡，
就是討厭。」）和蝦子是一種不討喜的組合，並不適合用來吸
引顧客。❾ 但要識別這種潛在的美食問題，評估人員需要一種
植根於飲食體驗的意識。AI 缺乏這種人類味蕾的脈絡意識與經
驗，因此，無法判斷這種組合是否合理。對於這種判斷任務，
需要人類的感知能力。

　　在創意過程中，人類會找出一個問題。該問題將作為由 AI
驅動的生成過程的輸入，然後生成的結果由人類詮釋、修正及
運用。因此，人類需要在創造過程的開始和完成階段發揮作
用，而 AI 則驅動生成過程，負責將所有資訊整合在一起的繁
重工作。而這個流程代表可真正的增強能力策略，人類是創造

性思維的核心，在 AI 協助下可以更快、更全面地提出新構想，以便他們可以根據在人類環境中的實用性和意義，來評估這些新想法。

如何啟動真正的提升技能策略

為了充分利用 AI，你需要避免將自動化視為優先考量，而應該專注於真正的提升技能策略。為達成這一目標，你必須做出以下 2 個重要決定。

降低AI預算中的技術投資，提高員工能力的投資

在一次與我合作過的公司執行長午餐會面時，他告訴我，雖然他不是科技專家，但他覺得公司最近的 AI 採用專案有些不對勁。「怎麼說？」我問道。

「嗯，」他說，「我看到所有這些花稍的演算法都在開發和實作中，但從這些數字來看，我卻沒有看到我們的團隊在表現上有多大的進步。」

我問他在技術投資之後，還有多少預算可用。我建議他可以利用這部分的預算，來資助他可能創造的新工作職位的培訓課程。

他一臉愧疚地看著我，說：「你指的到底是什麼新工作？不，我們大部分的預算都已經用完了。」

這是我在討論公司的 AI 採用專案時，聽過不少次的典型回應。正如許多變革顧問會告訴你，當組織開始他們的 AI 採用專案時，通常會花高達 90％的預算在技術本身。結果就是，用於讓 AI 與員工協作的經費所剩無幾。

這樣的結果既令人遺憾，又適得其反。這將降低你的 AI 採用專案成功的可能性。如果到現在為止，你已經對 AI 有良好的商業見解，你就會知道，你有義務投入更多時間和金錢，為你的員工創造更好、更以人為本的工作，因為這是正確的做法，而且不這麼做的長期代價也很高。最成功的公司都是那些在開始採用 AI 專案時，對員工投入大量資源的企業。

豐富現有工作內容，創造新的工作機會

精通 AI 的領導人意識到，只有投資於豐富工作內容，才能成功採用 AI。這樣做將有助於提升推動 AI 部署所需的人類智慧。這個豐富化過程對於你重新設計工作的努力至關重要，同時將有助於大幅提升工作動機與滿意度。那麼，你該從何著手？

首先，找出工作中哪些部分是重複且單調的，並將這些部

分交給 AI。其次，讓員工清楚知道這些部分是什麼，並解釋重新設計他們的工作對他們的期望意味著什麼，讓他們了解新工作的要求。身為領導人，你希望員工能夠提供組織目前所需的思考方式；你希望他們提出更好的問題，為他們追求的目標找出更好的解決方案。重要的是，你必須清楚傳達這些新的期望，讓他們有機會成長為適合 AI 時代的員工。最後，確保員工明白，隨著新工作的出現，他們會有更多的自主權，但同時，他們也要負起更多責任，不斷學習，並做到有效運用所採用的 AI。組織會支持這個學習過程，並投入大量資金，但員工必須完成其餘的工作。

· · · ·

作為熟悉 AI 的領導人，你必須了解並運用以下智慧，才能成功採用 AI，也就是使用 AI 的方式必須能讓你的員工與團隊更擅長他們的工作。這種方法要求將 AI 視為員工的同事，目的是讓他們在工作中獲得個人與專業的成長。為了讓 AI 與員工在這種相互增進的關係中結合，領導人需要具備與員工合作的軟實力（soft skills），以創造一個能有效利用 AI 作為增強能力工具的工作環境。在下一章，我們將著重於如何開發和運用這些軟實力。

9

運用 E Q
EMOTIONAL INTELLIGENCE

領導人應接受軟實力是
新的硬實力,並加以練習

我永遠不會忘記，某次一位高階主管對我談到軟實力時，態度很不以為然：「當然，軟實力可能對我的工作有價值，但它們太難學了。而且，無論如何，我相信提升數位化技能是當今任何員工和主管的重要工作。在數位化技能上的投資回報更便宜、更快速。」

使領導人能夠和諧地與人互動和合作的軟實力，包括：好奇心、同理心、溝通能力，以及批判性和前瞻性的思考等。這些技能普遍受到領導人的高度讚揚。但是，隨著大多數領導人都在思考如何採用 AI，這些技能的重要性往往被埋沒。由於自動化帶來的投資回報如此誘人，不熟悉 AI 的領導人就會像上述那位高階主管一樣思考。許多領導人認為，要將導入 AI 的投資轉化為更有效率的工作團隊，進而帶來更高的生產力，必須要有硬實力，而且只有硬實力才辦得到。

許多企業領導人已經把對硬實力的重視，融入 AI 採用專案中。我曾與一家企業討論過 AI 的商業價值，雖然該公司過去在變革專案上有相當豐富的經驗，但其 AI 專案的啟動過程卻不如預期。該公司籌劃一場員工大會，與員工討論 AI 的投資。因負責該專案的高階主管是同儕中技術最精湛的人，所以由他主講。

但我一眼就看出，這位領導人的分享過於專注於 AI 技術，將其視為全能的工具，能讓組織更好地分析市場趨勢、找出成長機會和進行收購，同時減少錯誤和優化工作層的運作。他精通科技，但他的語氣顯示出他習慣以 1 和 0 來看世界，就像世界是由 AI 生成的一樣，他顯然認為這種計算比現實更容易處理。例如，他以抽象的術語說明，公司現在可以使用 AI 來監控和計算最佳的工作節奏，作為所需生產單位數量的函數，而生產單位數量又可以透過客戶資料來預測。然而，他並未提及員工。

員工感到無所適從。他們無法與主管建立起良好關係。員工大會結束後，我聽到許多人抱怨說，他們聽不懂所說的一半內容，而且他們覺得公司現在好像是由機器人領導，完全沒有認同他們的工作、社群和他們的未來。我熟識的一位中階經理說：「我不在乎 AI 是否能夠提出很棒的商業建議，並進行花稍的計算。我不想要由 AI 領導。你能相信這個傢伙嗎？我覺得在它眼中，我只是一個數據點。」

但事情並未就此結束。這個糟糕的開端繼續影響參與 AI 採用專案的每個人的思想和心靈，在專案進行 1 年後，整體進展並不順利。員工試圖避免使用 AI 系統工具，或繞過它來工作。員工對推出該計畫的領導人缺乏信任，意味著員工抗拒跨職能的問題解決或知識分享。「為什麼要幫助這傢伙？」公司不但沒有領先競爭對手，反而嚴重落後。

　　執行長對於如何扭轉局面毫無頭緒，因此，他籌劃腦力激盪會議來找出解決方案。我受邀參加其中一場會議，並解釋各位在本章和上一章中閱讀到的許多內容。當我說話時，我看到有幾個人皺眉頭。當談到 AI 時，人們（特別是那些能力不足的領導人）總是追求快速而輕鬆的成果。一旦解決方案聽起來很困難，他們就會變得急躁不安。（這種態度非常諷刺，因為他們所表現出的抗拒，與員工在聽到自己不喜歡的訊息時所表現出的一樣。）

　　更重要的是，我引起執行長的注意。他問我：「你認為我們的 AI 採用專案沒有成功，是因為領導人無法與員工建立良好關係，並激發他們的工作熱情嗎？」我回答，「是的，這正是我想說的」。那次會議結束後，執行長邀請我到他的辦公室再聊一聊。1 個月後，我聽說有幾位參與專案的領導人被要求參加關於領導力與協作的課程。

　　採用 AI，需要那些不過度依賴硬實力而忽略軟實力的領導人。組織的蓬勃發展，取決於軟實力，因為企業愈來愈需要批判性思考和解決問題的技能，以了解 AI 能為組織帶來何種精確的價值以及如何應用它。當你必須召集員工一起協助設計解決方案，以滿足不同地域和文化背景客戶的需求時，這些技能也是必要的。而隨著工作性質的演進，新的工作職位不斷被創造出來，AI 也開始扮演同事的角色，情緒商數（emotional intelligence）這項技能對企業的成功將愈來愈重要。勤業眾信（Deloitte）研究指出，軟實力密集型職業的成長速度將是其他領域工作成長率的 2.5 倍，到 2030 年將占所有職業的三分之二。❶

　　因此，要成為精通 AI 的領導人，你必須培養自己的情緒商數。你需要超越傳統的技術經理模式，開始扮演參與 AI 採用的組織所需要的變革型、以人為本的策略家。在本章中，你將學習如何運用情緒商數，讓自己成為獨一無二且對組織有價值的領導人。我將討論身為領導人需要哪些軟實力，以及如何發展這些技能。

投資你自己的軟實力訓練

　　研究顯示，平均每 10 個員工就有 7 個認為，要在 AI 時代保持競爭力，軟實力比硬實力更重要。❷ 事實上，Google 著名的「氧氣計畫」（Project Oxygen）顯示，該公司的員工認為要成為一名有效的管理者，軟實力比 STEM（科學、技術、工程和數學）技能更重要。❸ 因此，精通 AI 的領導人需要更加看重工作中的情感和人際關係。我們正邁向人才的「感覺經濟」
（feeling economy），需要將技術性工作外包給先進的 AI 系統。
而在不同利害關係人與需求之間建立連結的工作，則是企業領
導人的責任。❹

　　發展軟實力的最佳方法，就是每天練習。你需要花費大量
的時間和精力來訓練自己，以了解自己何時展現良好的情緒商
數與不佳的情緒商數。例如，為了發展人際關係並了解他人的
動力和情緒，你可以在工作和家中進行練習，詢問身邊人的感
受、關心的問題是什麼，以及你可以如何幫助他們。

　　情緒商數需要持續練習。如果你不練習、運用和維持這些
技能，將其作為行為領導能力的一部分，就有可能失去。為
何如此？神經科學告訴我們，如果我們對記憶和相關技能的
重視程度降低，我們就會遺忘它們，❺ 卻會保留我們認為重要
的事。因此，如果你的工作理念是讓人類變得更好，那麼你的
努力就會用在確保你有適當的軟實力，以隨時使用。如果你認
為主要目的是讓你帶領公司與 AI 接軌，那麼根據神經科學預
測，你將失去部分的軟實力。正如科普作家麥爾坎・葛拉威爾
（Malcolm Gladwell）所說：「所謂熟能生巧，並不是熟練了之後
才練習，而是努力練習，使自己變巧。」

　　對於精通 AI 的領導人而言，哪些軟實力是未來特別需要

培養的？下面我將會討論領導人需要努力提升的技能。

透過同理心建立關係

採用 AI 是整個組織的集體努力，因此你必須成為一名有技巧的推動者，引導團隊成員以建設性和支持性的方式，彼此合作和互動，讓所有人共同確保 AI 為組織創造預期的價值。

我認識的一家建築領域公司最近正準備導入 AI，管理該專案的業務負責人意識到，她並不清楚結果應該是什麼，使她在持續推動的過程感到恐慌。

她注意到，有些工作團隊對於導入 AI 的過程漠不關心，也缺乏結合技術來改善工作流程的動力。即使是技術最嫻熟的員工，也沒有充分利用 AI 工具的潛力。她試圖與團隊討論，以了解他們的疑慮，但發現難以分辨出他們到底遇到什麼問題。最終，在專案進行 2 個月之後，她決定退出，辭去專案資深經理的職務。總經理請我和她談談，了解究竟發生什麼事。在那次交談中，她明確表示，她意識到自己無法勝任這份工作，我問她究竟是什麼讓她得出這個結論。

她說：「我無法與任何相關方聯繫，我發現很難與同仁交談並建立關係。我不知道他們在想什麼，也不知道他們如何處理我們在他們的日常工作安排中實施 AI 的決策。如果我連這點都做不到，那又怎麼能期望我帶領公司轉型成為 AI 驅動型組織呢？」

　　對具備良好業務掌握能力的 AI 領導人，必須能夠跨部門、跨團隊與人建立關係，無論是專家或非專家皆然。是的，你有責任建立並維繫所有必要的關係，讓 AI 的採用大獲成功。你希望員工認為你平易近人、樂於聽取回饋、願意傾聽，並在導入 AI 時，可以自由地談論正在發生的事情。如果你能做到這一點，將可享受正向工作關係帶來的好處。你的員工和團隊將更致力於 AI 採用專案，而且每位參與者會感到更加安心舒適。由於你和員工都在促進資訊和回饋的交流，因此，所有人都將體驗到更愉悅、更省力的工作關係，進而降低缺勤率，並提高參與度。

　　建立關係只是你必須做的事情之一。你還需要維繫這些關係，需要「同理心」的技巧。當採用 AI 時，員工最關心的問題是，如果成功採用 AI 並在整個組織中大規模部署，會產生什麼樣的影響。他們會想知道自己會發生什麼事，以及是否能保住工作飯碗。如果員工心裡有這些疑問，他們可能會阻礙 AI 專案，甚至破壞其應用。

　　你必須對員工的顧慮表現出同理心，同時解釋如果 AI 成功的話，會為他們帶來什麼成果。強調你將 AI 視為一種工具，同時也能有助於他們的利益（假設你已經實施提升技能策略，如前一章所述）。向員工清楚說明，AI 如何自動化執行重複且耗時的工作，讓他們可以騰出時間來處理更複雜、更有創造性的任務。為了達成這些正面的成果，請強調你和組織會提供資源，讓員工參與提升技能的課程，並將他們的角色整合到新的工作計畫中。透過這些訊息，你可以展現同理心，認同員工的感受，開誠布公地討論這些情緒，並一起尋找解決方案。

培養你的情緒商數

採用 AI，會啟動企業營運方式的轉型。AI 必須融入組織運作的各個層面當中，這需要時間，但由於財務壓力，通常無法預留太多時間。於是，我經常看到領導人施加壓力，加快步調來推動轉型。

例如，幾個月前我參加一場電話會議，期間一位高階經理正在傳達某個部門 AI 導入專案的後續步驟。這位經理非常重視客戶服務。以正確的方式服務客戶並無不妥，但他一意孤行的作風影響了他的溝通，最終也影響他將部門轉型為能與 AI 協作並蓬勃發展的成效。他持續專注於任務分析、支援數據科學家所需的技術架構，以及建立一個在透明度和資料保護方面無與倫比的治理平台。他隻字不提這一切對員工而言是否可行，也沒有真正反思他和團隊對整個專案的感受。這樣的對話讓許多參與者感到排斥。

　　會議結束後，我聽到一群員工在發牢騷。他們的痛點似乎是該高階經理無法意識到他的決策對團隊的影響，而且他們對這個問題顯然情緒激動。這群人的領導者指出：「他到底在想什麼？對於他的提議，竟然不詢問任何人的意見？這傢伙到底有沒有感情？我相信他是那種從不會停下來思考片刻的人，對於要求別人做幾乎不可行的事，他也不會有什麼感覺。如果他會這樣做，那麼他就會知道，他現在要求的事情根本做不到。你知道嗎？下次我再也不會參加這些會議了。」

　　當採用 AI 時，身為領導人的你和你的團隊情緒會受影響，因為當技術整合到工作流程中，並開始影響不同利害關係人的利益時，就會出現各種挑戰。為了讓每個利害關係人持續投入 AI 導入的過程，你必須將自己的情緒坦率地表達出來，並努力與團隊感受到的情緒連結起來。情緒商數要求你具有高度的自我察覺意識，因為你需要反思自己面對所處情況時為什麼會產生這樣的情緒。這是一項重要的要求，因為如果你無法自我反思，就無法換位思考，也無法察覺員工和團隊所經歷的情緒。在這種情況下，你將面臨失去團隊的風險，進而嚴重限制 AI 採用專案的成功率。

精通 AI 的領導人必須預見並處理這些情緒，同時也要檢視他人如何看待自己。如果有人告訴你，別人是如何看待你，而你聽了之後感到訝異，那麼你就需要培養你的情緒商數。如果你並不感到意外，但也不特別在意他人對你的看法，或你的言行所造成的影響，那麼你仍然需要提升自己的情緒商數，此外，你可能不是領導 AI 專案的適當人選。

超越技術細節的有效溝通

除了能夠以非技術聽眾能理解的方式傳達技術細節外，你還需要處理採用專案的情感層面。要做到這一點，你可以使用適合的語氣和肢體語言，來表達對員工的充分同理心，以及對 AI 專案必要性的緊迫感。

為此，請投入一些時間準備清楚易懂的故事，為每個利害關係人群體說明採用 AI 的必要性。你可以描述會發生什麼事、何時發生（提供時間表）、在哪個工作流程發生（對工作的影響，以及為改變組織架構和資料基礎架構所做的投資），以及為什麼必須發生（目的）。為了準備溝通中更感性的部分，你需要運用情緒商數。讓他人知道你了解與 AI 採用相關的結構變革，將如何影響員工和團隊的利益，融入你的情感，並與他人產生共鳴。表明你意識到他們面臨的風險，識別他們的情緒，並清楚說明這些情緒是對任何重大變革專案的合理反應。如此一來，你將表明員工是專案的重要一環，而且他們的需求和利益在每個階段都會被納入考量。

增強你的好奇心

AI 與先前的顛覆有很大不同，它要求領導人意識到舊方法的侷限性，並能夠以不同的方式思考，以及考慮其他未來的可能性，這種能力是由好奇心所驅動的。好奇心會讓你超越傳統的問題和深入探討過的解決方案，以更具批判性的方式思考、採取不同的觀點，並找出更廣泛的可能解決方案。

許多企業領導人未能培養好奇心。我看到太多企業領導人在 AI 採用專案中退縮一步，堅持提出標準問題，然後才批准繼續部署該技術。我記得有一位營運經理告訴我，他很驚訝受聘來支援 AI 採用專案的數據科學家不斷詢問他，他們是否有正確的資料類型可供使用。「他們為什麼要問我？」他驚呼道，「他們才是專家！」我問他，對於 AI 可能對他的部門造成的潛在影響，他自己是否沒有任何疑問。「不完全是，」他答道，「我為什麼要問？大老闆決定我們要引進 AI，那就引進 AI 吧。技術人員知道接下來該怎麼做。」

這位領導人顯得不太好奇，如果他能發揮好奇心，就能預見問題的發生，並提出有創意的新解決方案。當你的部門參與部署 AI 時，身為精通 AI 的領導人，你不能保持沉默並回答事先設定的問題。你需要展現出好奇心，提出與你和團隊相關的問題，這樣才能探索部署 AI 的最佳方式，並同時將員工的工作績效、幸福感和工作動力發揮到極致。透過發問，你可以找出整合 AI 的新方式是否可能揭示出更多價值，並找出多種解決方案，以應對任何 AI 採用專案所帶來的挑戰。

不斷提出問題，看看是否有正確的數據可以提供有用的答案和準確的預測。如果沒有，那麼你需要擴充數據集。身為擁有良好軟實力和硬實力的領導人，你不斷提出的問題，將成為評估數據的重要催化劑，並推動技術專家協助尋找新問題的解決方案。正如 LinkedIn 營運長丹・夏裴洛（Dan Shapero）所說：「領導人需要了解並詮釋每天每分每秒湧現的大量數據，並能夠剔除雜訊……。我們必須能夠提出問題，專注於這一切對我們的企業、客戶和團隊的意義。這強調受到好奇心驅使的人才變得更加重要。」❻

培養主動解決問題的能力

AI 系統可能會發生快速且無法預測的變化。當它們發生變化時，會帶來新的痛點和意想不到的問題，需要快速解決。作為精通 AI 的領導人，你需要證明自己可以做出迅速解決這些問題的決策，同時讓組織持續向前邁進，將 AI 全面整合至整個公司內。調查顯示，38％的高階主管認為解決問題的能力，是對公司高層和管理職位的重要要求。因此，當必須做出艱難決定時，不要迴避這一責任；你需要培養這些技能，因為員工期望你能帶頭。❼如果你能預見 AI 將為組織帶來的一些挑戰，你就能快速有效地採取行動。

　　以一家地區性製造公司為例，該公司採用演算法來監督其倉庫的包裝和運輸。科技長整理提出一筆預算，涵蓋 AI 採用成本，並調整基礎架構，以確保在裝配線、人力資源部門和執行長辦公室之間有良好的數據共享。這些數據將用於對裝配線工人進行每月審核。但在專案實施 6 個月後，該公司卻仍未進行每月審查。因為科技長未能在預算中列入聘用適當人才的成本，以便在人力資源環境中處理數據。執行長辦公室也沒有維護數據的設備。結果，出現資料外洩，員工的隱私受到威脅。科技長顯然沒有從各個不同角度主動評估採用 AI 專案的成本，他沒辦法提出問題，而且缺乏好奇心，讓他無法預測採用過程中可能會出現什麼問題。如果科技長能這樣做，那麼就可以及早修正預算，避免潛在的問題。

　　盡可能主動預見採用 AI 可能帶來的潛在問題。為此，你可以閱讀相關的商業案例，與同樣參與 AI 專案的企業領袖網絡分享自己的經驗，並向這些企業領導人學習。身為對 AI 有廣泛了解的領導人，你希望成為問題解決者，能夠在潛在問題變得嚴重之前找出問題，並據此實施最佳解決方案。

教導員工培養軟實力

　　精通 AI 的領導人明白，與能夠將人類智慧與智慧型機器結合的人合作，不僅能提高工作效率，還能在專業領域和人生成長中共同進步。因此，員工和團隊也需要提升他們的軟實力。事實上，研究顯示，提高軟實力，將使員工的價值增加 8% 以上。然而，問題是，要找到具有這種情緒商數水準的員工並不容易。❽ 根據《華爾街日報》（*Wall Street Journal*）的調查，約 89% 的組織難以找到具備當今 AI 時代所需軟實力的員工。❾ 那麼，身為精通 AI 的領導人，你知道你的職責之一，就是教導員工和團隊提升情緒商數。那該怎麼做呢？

保持親切並與員工建立關係

　　向受 AI 採用專案影響的員工清楚說明，你會支持他們，並願意與他們討論在部署 AI 時遇到的任何問題。很多時候，在評估 AI 採用情況的回饋會議中，親自出席的企業領導人往往不被視為平易近人。結果，員工就不會提出問題或與他們建立關係。我看過一位相對年輕且經驗不足的經理，在被任命領導一個以機器學習為基礎的聊天機器人的測試專案時出現了這種情況。在與辦公室員工開會時，他總是很安靜，很少插嘴或提出自己對專案的意見。他以為自己做得很好，讓員工暢所欲言並表達他們的顧慮。然而，他對員工的依從，並不像他想的那麼受歡迎。員工將他的沉默視為在操縱他們，以便讓他們感覺良好。他們覺得，經理讓他們說話，是試圖降低他們對工作自動化的抗拒。結果，員工與他疏遠，並對整個專案產生懷疑。

透過表現脆弱一面，來激發信任

　　信任是人與人之間建立穩固合作關係的黏著劑。憑藉良好的商業頭腦、對科技的熟稔和情緒商數，你需要在整個組織中盡可能培養信任感，以提高員工接受你採用 AI 計畫的可能性。如果組織缺乏這種信任，就會對任何新的 AI 計畫增加負擔，因為員工會拖慢決策過程，並提高計畫的成本。為了建立信任感，你必須樹立自己的可信度。

提高可信度的一個重要方法，就是在溝通 AI 採用的過程中，保持開放的態度和脆弱的一面。❿ 在這種情況下，脆弱意味著你身為了解 AI 但並非是真正技術專家的人，也會預見挑戰，並經歷專案中的掙扎。此外，你還要展現出勇氣，與員工分享這種弱點。在工作場所適當的範圍內，你可以透露自己的想法。適當的做法是分享類似的經驗，以及你經過深思熟慮的想法，說明你如何嘗試評估對組織中每個人可能造成的後果。你不應該分享的是，你與更高層級主管之間的潛在鬥爭、衝突和困難。你不希望將組織描繪成在採用 AI 的決策上存在分歧。

做真實的自己

如果你希望員工能夠自我發展並變得更有效率，你就需要成為一個自信的榜樣，訂定你希望藉由將 AI 整合到他們的日常工作中，來達成的明確目標。你的故事情節應該是，AI 並不是要將所有事情自動化，而是要幫助員工更擅長他們的工作，進而提升他們的績效與創造力。在這次溝通中，最重要的是你對這項任務充滿信心，因為它符合你作為領導人的身分。**使用 AI 來提升員工的績效與滿意度，並將人類價值放在第一位的目標，需要忠於你真實的自我**。否則，你會顯得過於理想化和控制欲強，而不是可信和可靠。為了達到真實性，你應該盡可能認同組織中的專案。如此一來，你就能真正參與其中，而不會覺得自己是被迫裝出一副不可觸碰的樣子。擁有真實參與工作的經驗，會讓身為領導人的你最終更有信心、更值得信賴，幫助員工接受並配合你的 AI 採用專案。

結論

引領今日，以備明日

　　幾年前，當 AI 突然躍上商業舞台時，一家大型跨國公司的高階主管感到惶恐不安，我們稱他為「喬治」。身為營運與管理的專家，他不確定 AI 會帶來什麼結果。他感受到團隊對這個以科技為驅動的新興事物的恐懼。他變得充滿防禦性，盡可能迴避 AI 的話題。我記得我告訴他，我很訝異他似乎這麼容易就忘記自己的領導能力。「怎麼說？」他問。

　　「當然，你需要熟悉 AI，」我告訴他，「但在我看來，現在正是你需要挺身而出，展現你一貫領導力的時刻。找出改變的意義、為什麼它對你們所有人都有意義，以及你想要如何使用它。這與領導人面臨的任何變革並無不同。你需要運用的領導技能是一樣的，我知道你具備這些能力。」

　　他皺著眉困惑地看著我說：「但我對 AI 的了解，能比我們的技術專家更多嗎？」

　　多年後，喬治仍然在這家公司任職，更有趣的是，他已在團隊中成功採用 AI。他是如何做到的？

　　原來喬治找到自己的方式，將 AI 視為一種工具，讓身為企業領導人的他，可以利用這種工具來發揮自己的優勢。雖然聽起來很簡單，但這個領悟對他來說卻是醍醐灌頂。這迫使他深刻反思，身為領導人該如何影響 AI 的使用，而不是被 AI 牽著走，從而削弱他的自信心，最終損害他的領導能力。隨著時間推移，喬治成功地了解 AI 的基本原理，並運用這些知識來判斷他的團隊應該何時、何地以及如何使用這項工具。

　　學習 AI 並將其納入商業視角中思考，是他採取的第一個策略。他使用的第二個策略是，讓必須與 AI 打交道的人接受它，並在這個過程中，讓他的團隊更容易理解 AI，也更有意義。身為領導人，喬治對於他的團隊能在穩固的信任基礎上工作，感到自豪。因此，與其讓 AI 的導入破壞這種信任，他提供資源並聘請科技專家，以確保該技術所使用的模型盡可能公開透明。他希望員工了解決策是如何做出的，同時確保數據得到共享。他經常出現在工作現場，提出問題，傾聽團隊的擔憂，並參與討論 AI 採用的會議。藉由將團隊凝聚在一起，強調他們的價值，並將 AI 塑造成有用的「同事」，他主動出擊，並在公司導入 AI 的過程中掌握主導權。

　　無論你身處哪個產業、在哪個組織工作，或是嚮往從事哪種工作，你無法逃避 AI，它將無所不在。而你的任務就像喬治一樣。不要擔心，別忘記你已有能力迎接這項挑戰，並將 AI 轉變為工具，創造身為領導人的你想要創造的價值。

　　然而，正如我們所見，這並非易事。事實上，大多數的企業領導人都不知所措，認為成功整合這項技術工具幾乎是不可能的任務。他們發現，伴隨「AI 將改變一切」的信念，企業的商業模式也隨之改變。AI 已經成為優先考量，人類因此退居第二。在這種情況下，許多領導人認為他們將不被需要，就像喬治一樣，他們選擇退縮，並放棄自己的領導職責。

　　但這種新興的工作文化，是否能讓 AI 為你和你的組織創造價值？正如我在本書中所闡述的？AI 的採用之所以失敗多於成功，是因為領導人對 AI 所抱持的態度。儘管企業領導人並不認為自己是科技專家，因此，在組織部署 AI 時，默默地退居幕後，但這些領導人才是成功部署與達成長期價值的關鍵。為此，本書討論身為企業領導人的你需要採取的 9 種心法，以掌握組織在導入 AI 時所經歷的改變，這將協助你展現出必要的領導力，讓 AI 的採用獲得成功。

　　你可能已經注意到，我提出的 9 種心法（你必須採取的領導步驟），幾乎與演算法、機器學習或數據分析無關。你甚至可能瞄一眼目錄，心想：「這些只是核心領導力技能而已。」你說得對！事實上，精通 AI 的領導人就是在這些核心領導技能上表現出色的人。

既然有了這些知識，我們接下來可以期待什麼？在 AI 飽和的未來，核心領導力技能還重要嗎？這 9 大領導力會繼續存在，還是可能變得多餘，甚至被一些我們還不知道的智慧型科技所取代？

我只能推測，但我想說的是：今日，智慧型科技的發展速度快得令人難以置信，甚至快得超出我們的適應能力。許多人相信，在可預見的未來，幾乎所有問題都會有科技解決方案。我們有充分的理由相信這一點。例如，當 ChatGPT 於 2022 年 11 月 30 日推出時，立即成為全球矚目的焦點。首次亮相 2 個月後，這款大型語言模型的應用程式就擁有超過 3,000 萬名使用者，每天約有 500 萬人次造訪。❶ 在此之前，還沒有任何科技產品的成長速度如此之快，而且預期這個速度只會進一步加快。事實上，隨著 ChatGPT 的推出，一場生成式 AI 軍備競賽已經開始，只有投入更多的資源，才能讓最新的技術在市場上供企業使用。我在本書中提倡的領導能力，在未來可能會變得不那麼重要，這是有可能的。但我認為不太可能發生。

身為企業領導人，我希望你能了解到，即使科技產業正在取得大幅進展，卻沒有發生真正的顛覆。❷ 這是為什麼呢？想想以前的工業革命，例如蒸汽引擎、數位控制和網際網路的普及。在這些革命中，所涉及的關鍵技術都與它們所取代的技術大相逕庭。然而，今日，我們所看到的許多轉型技術，並不是突然間做了一些我們從未見過的事情。現今的 AI 系統與之前的 AI 系統運作方式並無差異；它們只是比以前運作得更好而已。❸ 而且由於目前的科技應用並非由新技術所驅動，因此，我不認為你的領導行為在追求成功的 AI 採用專案中會變得不再重要；反之，我期望恰恰相反的情況。

　　我們今天在商業上所了解的科技應用，是建立在推進和完善現有技術（而非新技術）的基礎上，允許 AI 分析數據，引導智慧型技術預測人類可能的行為，然後建議如何根據這些預測，採取行動。但是，這種能力是否會讓身為領導人的你變得過時，很快就被淘汰？不會的。分析行為資料不等同於了解人類行為背後的意義，也不等同於領導人可以對其做出有意義的回應。這就是 AI 在呈現和處理我們在本書中推薦的領導行動的限制所在。這個限制強調領導力在任何技術採用專案中的重要性，也強調實踐和維持本書所討論的領導力行動，對你來說是多麼重要。

　　無論出現任何技術突破，組織始終需要了解正在發生變化的領導人，如 AI 目前代表著我們的組織和社會中的一項重大變化，並將其領導力轉化為具體的力量。智慧型技術為組織帶來的變化，顯然是無庸置疑的，並將使我們的組織在未來 10 年內，以不同的面貌和方式運作。然而，不會改變的是，企業將始終需要強大的企業領導人來引導任何技術轉型——特別是在 AI 進入組織時，領導人比以往任何時候都更需要參與、建立良好關係並引領前進。

準備好投入大量的時間和精力，在 AI 主宰的商業世界中，掌握領導藝術。積極承擔你的領導任務，就好像你在 AI 時代的生活取決於此。因為這必定會發生！

註釋

序言

❶ Nicole Jones, "11 Digital Transformation Quotes to Lead Change and Inspire Action," *Digital Transformation* (blog), Kintone Corporation, January 25, 2018, https://blog.kintone.com/business-with-heart/11-digital-transformation-quotes-to-lead-change-inspire-action.

❷ For $6.8 trillion figure, see Michael Shirer and Eileen Smith, "New IDC Spending Guide Shows Continued Growth for Digi tal Transformation in 2020, Despite the Challenges Presented by the COVID-19 Pandemic," International Data Corporation (IDC), May 2020, https://www.businesswire.com/news/home/20200520005094/en/New-IDC-Spending-Guide-Shows-Continued-Growth-for-Digital-Transformation-in-2020-Despite-the-Challenges-Presented-by-the-COVID-19-Pandemic. For project failures, see M. Wade and J. Shan, "Covid-19 Has Accelerated Digital Transformation, but May Have Made It Harder Not Easier," *MIS Quarterly Executive* 19, no. 3 (2020).

❸ Kelly Ng, "Singapore 4th in Digital Competitiveness, Leads Asia's Ranking," *Business Times*, September 28, 2022, https://www.businesstimes.com.sg/startups-tech/technology/singapore-4th-digital-competitiveness-leads-asias-rankings.

❹ R. W. Gregory et al., "The Role of Artificial Intelligence and Data Network Effects for Creating User Value," *Academy of Management Review* 46, no. 3 (2021): 534–551.

❺ Anand S. Rao and Gerard Verweij, "Sizing the Prize: What's the Real Value of AI for Your Business and How Can You Capitalise?," PwC, 2017, https://www.pwc.com/gx/en/issues/analytics/assets/pwc-ai-analysis-sizing-the-prize-report.pdf.

❻ G. von Krogh, "Artificial Intelligence in Organizations: New Opportunities for Phenomenon-Based Theorizing," *Academy of Management Discoveries* 4, no. 4 (2018): 404–409.

❼ Bradley Voytek, "Are There Really as Many Neurons in the Human Brain as Stars in the Milky Way?," Scitable, Nature Education, May 20, 2013, https://www.nature.com/scitable/blog/brain-metrics/are_there_really_as_many/.

❽ TN Viral Desk, "AI-Powered Humanoid Robot Named CEO of Chinese Company in World First," TimesNow, September 7, 2022, https://www.timesnownews.com/viral/ai-powered-humanoid-robot-tang-yu-named-ceo-of-chinese-gaming-company-netdragon-websoft-in-world-first-article-94045663.

❾ B. F. Skinner, *Contingencies of Reinforcement: A Theoretical Analysis* (New York: Appleton-Century-Crofts, 1969), 288.

❿ The quote is ChatGPT's response to author's question "What kind of leadership is needed when organizations adopt AI?," obtained October 13, 2023, 2 p.m., using ChatGPT version 3.5 program from OpenAI (https://chat.openai.com/).

第一章

❶ J. K. U. Brock and F. von Wangenheim, "Demystifying AI: What Digital Transformation Leaders Can Teach You About Realistic Artificial Intelligence," California Management Review 61, no. 4 (2019): 110–134.

❷ David De Cremer and Garry Kasparov, "AI Should Augment Human Intelligence, Not Replace It," hbr.org, March 18, 2021, https://hbr.org/2021/03/ai-should-augment-human-intelligence-not-replace-it.

❸ Carl Sagan, The Demon-Haunted World: Science as a Candle in the Dark (New York: Random House, 1996).

❹ J. Lwowski et al., "Task Allocation Using Parallelized Clustering and Auctioning Algorithms for Heterogeneous Robotic Swarms Operating on a Cloud Network," in Autonomy and Artificial Intelligence: A Threat or Savior?, ed. W. F. Lawless et al. (New York: Springer International Publishing, 2017), 47–69; E. Glikson and

A. W. Woolley, "Human Trust in Artificial Intelligence: Review of Empirical Research," Academy of Management Annals 14, no. 2 (2020): 627–660.

❺ E. L. Bucher, P. K. Schou, and M. Waldkirch, "Pacifying the Algorithm–Anticipatory Compliance in the Face of Algorithmic Management in the Gig Economy," Organization 28, no. 1 (2021): 44–67; J. Duggan et al., "Algorithmic Management and App-Work in the Gig Economy: a Research Agenda for Employment Relations and HRM," Human Resource Management Journal 30, no. 1 (2020): 114–132.

❻ J. H. Korteling et al., "Human Versus Artificial Intelligence," Frontiers in Artificial Intelligence 4 (2021): 622364.

❼ Y. Duan, J. S. Edwards, and Y. K. Dwivedi, "Artificial Intelligence for Decision Making in the Era of Big Data—Evolution, Challenges and Research Agenda," International Journal of Information Management 48 (2019): 63–71.

❽ S. M. Kelly, "ChatGPT Passes Exams from Law and Business Schools," CNN Business, January 26, 2023, https://www.cnn.com/2023/01/26/tech/chatgpt-passes-exams/index.html.

❾ David De Cremer and Devesh Narayanan, "A Cross-Cultural Approach to the Future of Work," Nature Reviews Psychology 1 (2022): 684, https://doi.org/10.1038/s44159-022-00116-1.

❿ M. Mitchell, "Abstraction and Analogy-Making in Artificial Intelligence," Annals of the New York Academy of Sciences, June 25, 2021; M. Ricci, R. Cadene, and T. Serre, "Same-Different Conceptualization: A Machine Vision Perspective," Current Opinion in Behavioral Sciences 37 (2021): 47–55; R. Toews, "What Artificial Intelligence Still Can't Do," Forbes, June 1, 2021, https://www.forbes.com/sites/robtoews/2021/06/01/what-artificial-intelligence-still-cant-do.

⓫ David De Cremer, "Machines Are Not Moral Role Models," Nature Human Behavior 6 (2022): 609, doi:10.1038/s41562-022-01290-1.

⓬ Mike Loukides, "AI Adoption in the Enterprise 2021," O'Reilly Media, April 19, 2021, www.oreilly.com/radar/ai-adoption-in-the-enterprise-2021/.

❸ S. T. Mueller et al., *Explanation in Human-AI Systems: A Literature Meta-Review, Synopsis of Key Ideas and Publications, and Bibliography for Explainable AI* (DARPA XAI Program, February 2019), https://arxiv.org/abs/1902.01876v1.

❹ Jacques Bughin, Susan Lund, and Eric Hazan, "Automation Will Make Life-long Learning a Necessary Part of Work," hbr.org, May 24, 2018, https://hbr.org/2018/05/automation-will-make-lifelong-learning-a-necessary-part-of-work.

❺ Claudia Goldin and Lawrence F. Katz, *The Race between Education and Technology* (Cambridge, MA: Harvard University Press, 2008).

❻ David De Cremer and Leander De Schutter, "How to Use Algorithmic Decision-Making to Promote Inclusiveness in Organizations," *AI and Ethics* 1 (2021): 563–567.

❼ J. Bhutan, "Open AI CEO Calls for Laws to Mitigate Risks of Increasingly Powerful AI," *Guardian*, May 16, 2023, https://www.theguardian.com/technology/2023/may/16/ceo-openai-chatgpt-ai-tech-regulations.

❽ David De Cremer and Devesh Narayanan, "On Educating Ethics in the AI Era: Why Business Schools Need to Move Beyond Digital Upskilling, Towards Ethical Upskilling," *AI and Ethics*, June 5, 2023, https://link.springer.com/article/10.1007/s43681-023-00306-4.

第二章

❶ David De Cremer and Garry Kasparov, "AI Should Augment Human Intelligence, Not Replace It," hbr.org, March 18, 2021, https://hbr.org/2021/03/ai-should-augment-human-intelligence-not-replace-it; David De Cremer and Garry Kasparov, "The Ethical AI-Paradox: Why Better Technology Needs More and Not Less Human Responsibility," *AI and Ethics* 2, no. 1 (2022): 1–4; David De Cremer and Garry Kasparov, "The Ethics of Technology Innovation: A Double-Edged Sword?," *AI and Ethics* 2 (2022): 533–537.

❷ Natasha Lomas, "'We Should Not Talk about Jobs Being Lost but People Suffering,' Says Kasparov on AI," *TechCrunch*, May 17, 2017, https://techcrunch.

com/2017/05/17/we-should-not-talk-about-jobs-being-lost-but-people-suffering-says-kasparov-on-ai/.

❸ Eva Ascarza, Michael Ross, and Bruce G. S. Hardie, "Why You Aren't Getting More from Your Marketing AI," *Harvard Business Review*, July–August 2021, https://hbr.org/2021/07/why-you-arent-getting-more-from-your-marketing-ai.

❹ Eleanor Pringle, "Microsoft's ChatGPT-Powered Bing Is Becoming a Pushy Pick-Up Artist That Wants You to Leave Your Partner: 'You're Married, But You're Not Happy,'" *Fortune*, February 17, 2023, https://fortune.com/2023/02/17/micro-soft-chatgpt-bing-romantic-love/.

❺ Marvin L. Minsky, "Why People Think Computers Can't," *AI Magazine* 3, no. 4 (1982): 3–15.

❻ E. Davis and G. Marcus, "Commonsense Reasoning and Commonsense Knowl-edge in Artificial Intelligence," *Communications of the ACM* 58, no. 9 (2015): 92–103.

❼ Yann LeCun, "About the Raging Debate Regarding the Significance of Recent Progress in AI," Facebook post, May 17, 2022, https://m.alpha.facebook.com/story.php?story_fbid=10158256523332143&id=722677142.

❽ Billy Perrigo, "The New AI-Powered Bing Is Threatening Users. That's No Laugh-ing Matter," *Time*, February 17, 2023, https://time.com/6256529/bing-openai-chatgpt-danger-alignment/.

❾ Jeran Wittenstein, "A Factual Error by Bard AI Chatbot Just Cost Google $100 Billion," *Time*, February 9, 2023, https://time.com/6254226/alphabet-google-bard-100-billion-ai-error/.

❿ M. Pandey, "Apple's Missing Bite Is LLMs, and It Makes Sense for Them," *An-alytics India Magazine*, March 30, 2023, https://analyticsindiamag.com/apples-missing-bite-is-llms-and-it-makes-sense-for-them/; M. Sullivan, "Apple's Silence on Generative AI Grows Louder," *Fast Company*, March 21, 2023.

⓫ Larry Fink, quoted in Andrew Ross Sorkin, "World's Biggest Investor Tells C.E.O.s Purpose Is the 'Animating Force' for Profits," *New York Times*, January 17, 2017, https://www.nytimes.com/2019/01/17/business/dealbook/blackrock-larry-fink-letter.html.

❷ Richard Waters and Miles Kruppa, "Rebel AI Group Raises Record Cash after Machine Learning Schism," *Financial Times*, May 28, 2021, https://www.ft.com/content/8de92f3a-228e-4bb8-961f-96f2dce70ebb; Chloe Xiang, "OpenAI Is Now Everything It Promised Not to Be: Corporate, Closed-Source, and For Profit," Vice, February 28, 2023, https://www.vice.com/en/article/5d3naz/openai-is-now-everything-it-promised-not-to-be-corporate-closed-source-and-for-profit; Saumil Kohli, "Elon Musk Sparks Controversy: Criticizes OpenAI's Profit Motive Post-Investment," *Coinnounce*, May 17, 2023, https://coinnounce.com/elon-musk-criticizes-openai-profit-motive-post-investment.

第三章

❶ Vala Afshar, "80% of Organizations Will Have Hyperautomation on Their Technology Roadmap by 2024," ZDNET, June 22, 2022, https://www.zdnet.com/article/80-of-organizations-will-have-hyperautomation-on-their-technology-roadmap-by-2024/.

❷ T. Haesevoets et al., "Human-Machine Collaboration in Managerial Decision Making," *Computers in Human Behavior* 119 (2021): 106730; A. Murray, J. E. N. Rhymer, and D. G. Sirmon, "Humans and Technology: Forms of Conjoined Agency in Organizations," *Academy of Management Review* 46, no. 3 (2021): 552–571.

❸ Nitin Mittal, Beena Ammanath, and Irfan Saif, "State of AI in the Enterprise, 5th Edition," Deloitte, October 2022, https://www2.deloitte.com/us/en/pages/consulting/articles/state-of-ai-2022.html.

❹ K. Senthil Kumar, K. Venkatalakshmi, and K. Karthikeyan, "Lung Cancer Detection Using Image Segmentation by Means of Various Evolutionary Algorithms," *Computational and Mathematical Methods in Medicine* (2019), https://doi.org/10.1155/2019/4909846; V. Ferrari, "Man–Machine Teaming: Towards a New Paradigm of Man–Machine Collaboration?," *Disruptive Technology and Defence Innovation Ecosystems* 5 (2019): 121–137; T. W. Malone, "How Human-Computer

'Superminds' Are Redefining the Future of Work," *MIT Sloan Management Review* 59, no. 4 (2018): 34–41.

❺ NYU Tandon School of Engineering, "Award-Winning Tandon Researchers Are Exposing the Flaws Underwriting AI-Generated Code," New York University, June 16, 2022, https://engineering.nyu.edu/news/award-winning-tandon-researchers-are-exposing-flaws-underwriting-ai-generated-code; Hammond Pearce et al., "Asleep at the Keyboard? Assessing the Security of GitHub Copilot's Code Contributions," Cornell University, December 16, 2021, https://arxiv.org/abs/2108.09293.

❻ B. J. Dietvorst, J. P. Simmons, and C. Massey, "Algorithm Aversion: People Erroneously Avoid Algorithms After Seeing Them Err," *Journal of Experimental Psychology: General* 144, no. 1 (2015): 114–126.

❼ A. Papenmeier, G. Englebienne, and C. Seifert, "How Model Accuracy and Explanation Fidelity Influence User Trust," paper presented at IJCAI 2019 Workshop on Explainable Artificial Intelligence (xAI), August 11, 2019, Macau, China, arXiv:1907.12652; T. Maier, J. Menold, and C. McComb, "The Relationship between Performance and Trust in AI in E-Finance," *Frontiers in Artificial Intelligence* 5 (June 21, 2022).

❽ E. Glikson and A. W. Woolley, "Human Trust in Artificial Intelligence: Review of Empirical Research," *Academy of Management Annals* 14, no. 2 (2020): 627–660, https://doi.org/10.5465/annals.2018.0057.

❾ Edelman, "Edelman Trust Barometer 2021," PowerPoint presentation, Daniel J. Edelman Holdings, Inc., 2021, https://www.edelman.com/sites/g/files/aatuss191/files/2021-03/2021%20Edelman%20Trust%20Barometer%20Tech%20Sector%20Report_0.pdf; A. F. Winfield and M. Jirotka, "Ethical Governance Is Essential to Building Trust in Robotics and Artificial Intelligence Systems," *Philosophical Transactions of the Royal Society A: Mathematical, Physical and Engineering Sciences* 376, no. 2133 (2018): 20180085.

❿ N. Gillespie, S. Lockey, and C. Curtis, "Trust in Artificial Intelligence: A Five Country Study," University of Queensland and KPMG Australia, 2023, https://ai.uq.edu.au/files/6161/Trust%20in%20AI%20Global%20Report_WEB.pdf.

⓫ David De Cremer, "What COVID-19 Teaches Us about the Importance of Trust at Work," *Knowledge at Wharton*, June 5, 2020, https://knowledge.wharton.upenn. edu/article/covid-19-teaches-us-importance-trust-work.

⓬ R. C. Mayer, J. H. Davis, and F. D. Schoorman, "An Integrative Model of Organizational Trust," *Academy of Management Review* 20, no. 3 (1995): 709–734.

⓭ For the drivers' manipulation of the algorithm, see Mareike Möhlmann and Ola Henfridsson, "What People Hate about Being Managed by Algorithms, According to a Study of Uber Drivers," hbr.org, August 30, 2019, https://hbr.org/2019/08/what-people-hate-about-being-managed-by-algorithms-according-to-a-study-of-uber-drivers. For the drivers' use of surge pricing, see Isobel Asher Hamilton, "Uber Drivers Are Reportedly Colluding to Trigger 'Surge' Prices Because They Say the Company Is Not Paying Them Enough," *Business Insider*, June 14, 2019, www.businessinsider.com/uber-drivers-artificially-triggering-surge-prices-reports-abc7-2019-6.

⓮ L. Nazareno and D. S. Schiff, "The Impact of Automation and Artificial Intelligence on Worker Well-Being," *Technology in Society* 67 (November 2021): 101679.

⓯ Lisa Fickenscher, "Workers at Amazon's Staten Island Warehouse Hold Rally Over High Injury Rates," *New York Post*, November 25, 2019, https://nypost. com/2019/11/25/workers-at-amazons-staten-island-warehouse-to-hold-rally-over-high-injury-rates/.

⓰ P. M. Tang et al., "No Person Is an Island: Unpacking the Work and After-Work Consequences of Interacting with Artificial Intelligence," *Journal of Applied Psychology* 108, no. 11 (2023): 1766–1789; S. Cantrell, T. Davenport, S. Hatfield, and B. Kreit, "Strengthening the Bonds of Human and Machine Collaboration," *Deloitte Insights*, November 22, 2022, https://www2.deloitte.com/xe/en/insights/topics/talent/human-machine-collaboration.html.

⓱ T. Davenport, "The Future of Work Now: the Digital Life Underwriter," *Forbes*, October 28, 2019, https://www.forbes.com/sites/tomdavenport/2019/10/28/the-future-of-work-is-nowdigital-life-underwriter-at-haven-life.

❽ L. Rainie, C. Funk, M. Anderson, and A. Tyson, "How Americans Think About Artificial Intelligence," Pew Research Center, March 17, 2022, https://www.pewresearch.org/internet/2022/03/17/how-americans-think-about-artificial-intelligence/.

❾ Mark van Rijmenam, "Algorithmic Management: What Is It (and What's Next)?," *Medium*, November 13, 2020, https://medium.com/swlh/algorithmic-management-what-is-it-and-whats-next-33ad3429330b.

❿ Nicolaus Henke, Jordan Levine, and Paul McInerney, "Analytics Translator: The New Must-Have Role," hbr.org, February 5, 2018, https://hbr.org/2018/02/you-dont-have-to-be-a-data-scientist-to-fill-this-must-have-analytics-role.

㉑ J. McGuire et al., "When Leaders Promote Trust in Algorithms: on the Importance of Humble Leadership and Voice Opportunities in Algorithmic Performance Evaluations," unpublished manuscript.

㉒ Cantrell et al., "Strengthening the Bonds of Human and Machine Collaboration."

㉓ Kevin Roose, "AI-Generated Art Won a Prize. Artists Aren't Happy," *New York Times*, September 2, 2022, https://www.nytimes.com/2022/09/02/technology/ai-artificial-intelligence-artists.html.

第四章

❶ Gary Hamel and Michele Zanini, "The End of Bureaucracy," *Harvard Business Review*, November–December 2018, https://hbr.org/2018/11/the-end-of-bureaucracy.

❷ HRK News Bureau, "Will AI Replace 46% of Administrative Jobs?," *HRKatha*, March 23, 2023, www.hrkatha.com/news/global-hr-news/can-ai-really-replace-46-of-administrative-jobs.

❸ J. McKendrick, "Please, Keep Artificial Intelligence from Becoming Another Out-of-Touch Bureaucracy," *Forbes*, May 29, 2020, https://www.forbes.com/sites/joemckendrick/2020/05/29/please-keep-artificial-intelligence-from-becoming-another-out-of-touch-bureaucracy/.

❹ J. Mökander and L. Floridi, "Operationalising AI Governance through Ethics-Based Auditing: An Industry Case Study," *AI and Ethics* (2022): 1–18.

❺ N. Crampton, "The Building Blocks of Microsoft's Responsible AI Program," *Microsoft on the Issues* (blog), January 19, 2021, https://blogs.microsoft.com/on-the-issues/2021/01/19/microsoft-responsible-ai-program/.

❻ S. Shane and D. Wakabayashi, "'The Business of War': Google Employees Protest Work for the Pentagon," *New York Times*, April 4, 2018, https://www.nytimes.com/2018/04/04/technology/google-letter-ceo-pentagon-project.html; Sean Hollister, "Nearly a Dozen Google Employees Have Reportedly Quit in Protest," CNET, May 14, 2018, https://www.cnet.com/tech/tech-industry/google-project-maven-drone-protect-resign/.

❼ G. I. Parisi et al., "Continual Lifelong Learning with Neural Networks: A Review," *Neural Network* 113 (May 2019): 54–71, www.sciencedirect.com/science/article/pii/S0893608019300231; Yochay, "How to Apply Continual Learning to Your Machine Learning Models," *Towards Data Science*, July 11, 2019, https://towardsdatascience.com/how-to-apply-continual-learning-to-your-machine-learning-models-4754adcd7f7f.

❽ C. S. Lee and A. Y. Lee, "Clinical Applications of Continual Learning Machine Learning," *Lancet Digital Health* 2, no. 6 (2020): e279–e281.

第五章

❶ Denis McCauley, "The Global AI Agenda: Promise, Reality, and a Future of Data Sharing," *MIT Technology Review Insights*, 2020, www.technologyreview.com/2020/03/26/950287/the-global-ai-agenda-promise-reality-and-a-future-of-data-sharing.

❷ KPMG, "Easing the Pressure Points: The State of Intelligent Automation," KPMG Center of Excellence for Data-Driven Technologies, publication 36201-G, March 2019, https://kpmg.com/stateofIA.

❸ Ketan Awalegaonkar et al., "AI: Built to Scale," Accenture, 2019, https://in-suranceblog.accenture.com/wp-content/uploads/2020/05/Accenture-Built-to-Scale-PDF-Report.pdf.

❹ Tim Fountaine, Brian McCarthy, and Tamim Saleh, "Building the AIPow-ered Organization Technology Isn't the Biggest Challenge. Culture Is," *Harvard Business Review*, July–August 2019, https://hbr.org/2019/07/build-ing-the-ai-powered-organization.

❺ Klaus Schwab, "The Fourth Industrial Revolution: What It Means, How to Re-spond," *Foreign Affairs*, December 15, 2015, www.foreignaffairs.com/world/fourth-industrial-revolution.

❻ Mary Louise Kelly, "'Everybody Is Cheating': Why This Teacher Has Ad-opted an Open ChatGPT Policy," NPR, January 26, 2023, https://www.npr.org/2023/01/26/115149921\chatgpt-ai-education-cheating-classroom-whar-ton-school.

❼ Laura Lessnau, "U-M Debuts Generative AI Services for Campus," *Michi-gan News*, University of Michigan, August 22, 2023, https://news.umich.edu/u-m-debuts-generative-ai-services-for-campus/.

❽ Z. Corbyn, "Microsoft's Kate Crawford: 'AI Is Neither Artificial nor Intel-ligent,'" *Guardian*, June 6, 2021, https://www.theguardian.com/technolo-gy/2021/jun/06/microsofts-kate-crawford-ai-is-neither-artificial-nor-intelli-gent.

❾ Bosch Media Service, "Business Year 2016: Connectivity Keeps Bosch on Growth Course," press release, January 31, 2017, https://www.bosch-press.pl/pressportal/be/en/press-release-546.html.

❿ Emily McCormick, "BofA CEO on Future of Banking: 'We're Clearly a Tech-nology Company,'" *Y!Finance* (Yahoo), October 26, 2021, https://finance.yahoo.com/news/bof-a-ceo-on-future-of-banking-were-clearly-a-technology-company-144208908.html; Breana Patel, "We Act Less Like a Bank and More Like a Tech Company," DBS, October 12, 2018, https://www.dbs.com/media/

features/at-dbs-we-act-less-like-a-bank-and-more-like-a-tech-company-with-dbs-bank -ceo-piyush-gupta.page; Michael Corbat, "CEO Michael Corbat's Keynote at the Mobile World Congress" (keynote address at Mobile World Congress, Barcelona, February 25, 2014), Citigroup News, https://www.citigroup.com/citi/news/executive/140225Ea.htm.

⓫ Shane Schweitzer and David De Cremer, "How Technology Business Narratives Both Promote and Undermine Organizational Trust and Commitment," unpublished manuscript.

⓬ N. R. Frick et al., "Maneuvering through the Stormy Seas of Digital Transformation: The Impact of Empowering Leadership on the AI Readiness of Enterprises," *Journal of Decision Systems* 30, nos. 2–3 (2021): 235–258; David De Cremer, *Leadership by Algorithm: Who Leads and Who Follows in the AI Era?* (Petersfield, Hampshire, UK: Harriman House, 2020).

第六章

❶ Jason W. Burton, Mari-Klara Stein, and Tina Blegind Jensen, "A Systematic Review of Algorithm Aversion in Augmented Decision Making," *Journal of Behavioral Decision Making* 33, no. 2 (2019): 220–239.

❷ David C. Edelman and Mark Abraham, "Customer Experience in the Age of AI," *Harvard Business Review*, March–April 2022, https://hbr.org/2022/03/customer-experience-in-the-age-of-ai.

❸ David Rotman, "How Technology Is Destroying Jobs," *MIT Technology Review*, June 12, 2013, https://www.technologyreview.com/2013/06/12/178008/how-technology-is-destroying-jobs/.

❹ Edelman and Abraham, "Customer Experience in the Age of AI."

❺ A. Birhane et al., "Power to the People? Opportunities and Challenges for Participatory AI," *Proceedings of the 2nd ACM [Association for Computing Machinery] Conference on Equity and Access in Algorithms, Mechanisms, and Optimization*, October 17, 2022, https://doi.org/10.1145/3551624.3555290; Min Kyung Lee et al.,

"WeBuildAI: Participatory Framework for Algorithmic Governance," *Proceedings of the ACM on Human-Computer Interaction* 3, issue CSCW, no. 181 (2019): 1–35, https://doi.org/10.1145/3359283.

6 Sara Brown, "The Lure of 'So-So Technology,' and How to Avoid It," MIT Sloan School of Management, October 31, 2019, https://mitsloan.mit.edu/ideas-made-to-matter/lure-so-so-technology-and-how-to-avoid-it.

7 Nicky Burridge, "Artificial Intelligence Gets a Seat in the Boardroom," Nikkei Asia, May 10, 2017, https://asia.nikkei.com/Business/Artificial-intelligence-gets-a-seat-in-the-boardroom.

8 David De Cremer and Devesh Narayanan, "A Cross-Cultural Approach to the Future of Work," *Nature Reviews Psychology* 1 (2022): 684, https://doi.org/10.1038/s44159-022-00116-1.

9 Anand Avati et al., "Improving Palliative Care with Deep Learning," *BMC Medical Informatics and Decision Making* 18, suppl. 4 (December 2018): 122.

10 R. Robbins, "AI Palliative Care an Experiment in End-of-Life Care: Tapping AI's Cold Calculus to Nudge the Most Human of Conversations," STAT, July 1, 2020, https://www.statnews.com/2020/07/01/end-of-life-artificial-intelligence/.

11 N. Leveson, "An Investigation of the Therac-25 Accidents, Part V," *IEEE Computer* 26, no. 7 (July 1993): 18–41.

12 Helen Nissenbaum, "Computing and Accountability," *Communications of the ACM* 37, no. 1 (January 1994): 72–80, doi:10.1145/175222.175228.

13 Kathleen D. Vohs, Nicole L. Mead, and Miranda R. Goode, "The Psychological Consequences of Money," *Science* 314, no. 5802 (2006): 1154–1156.

14 David De Cremer, "With AI Entering Organizations, Responsible Leadership May Slip," *AI and Ethics* 2, no. 1 (2022): 49–51.

15 A. Asher-Schapiro, "Exam Grading Algorithms Amid Coronavirus: What's the Row About?," Reuters, August 12, 2020, https://www.reuters.com/article/global-tech-education-idUSL8N2FD0EI.

❶ David De Cremer and Leander De Schutter, "How to Use Algorithmic Decision-Making to Promote Inclusiveness in Organizations," *AI and Ethics* 1 (June 22, 2021): 563–567.

❷ "Hugging Face: The AI Community Building the Future," Hugging Face, https://huggingface.co; Aaron Mok, "I'm an AI Ethicist: I Make Sure the Tech Is Safely Deployed to the World, but I Am Not an Oracle," *Business Insider*, May 13, 2023, www.businessinsider.com/what-is-ai-ethicist-working-to-make-the-tech-safe-2023-5.

❸ Arnaud Costinot and Iván Werning, "Robots, Trade, and Luddism: A Sufficient Statistic Approach to Optimal Technology Regulation," *Review of Economic Studies* 90, no. 5 (October 2023): 2261–2291, https://academic.oup.com/restud/advance-article-abstract/doi/10.1093/restud/rdac076/6798670.

第七章

❶ Raymond R. Bond et al., "Human Centered Artificial Intelligence: Weaving UX into Algorithmic Decision Making," paper presented at International Conference on Human-Computer Interaction, Bucharest, Romania, October 2019, 8; M. O'Riedl, "Human–Centered Artificial Intelligence and Machine Learning," *Human Behavior and Emerging Technologies* 1, no. 1 (2019): 33–36; W. Xu et al., "Transitioning to Human Interaction with AI Systems: New Challenges and Opportunities for HCI Professionals to Enable Human-Centered AI," *International Journal of Human–Computer Interaction* 39, no. 3 (2023): 494–518, https://doi.org/10.1080/10447318.2022.2041900.

❷ Ben Shneiderman, "Human-Centered Artificial Intelligence: Three Fresh Ideas," *AIS Transactions on Human-Computer Interaction* 12, no. 3 (2020): 109–124, https://doi.org/10.17705/1thci.00131.

❸ J. Shin and A. M. Grant, "When Putting Work Off Pays Off: The Curvilinear Relationship between Procrastination and Creativity," *Academy of Management Journal* 64, no. 3 (2021): 772–798.

❹ David De Cremer and Garry Kasparov, "AI Should Augment Human Intelligence, Not Replace It," hbr.org, March 18, 2021, https://hbr.org/2021/03/ai-should-augment-human-intelligence-not-replace-it.

❺ David Benoit, "Move Over, Shareholders: Top CEOs Say Companies Have Obligations to Society," *Wall Street Journal*, August 19, 2019, https://www.wsj.com/articles/business-roundtable-steps-back-from-milton-friedman-theory-11566205200.

❻ European External Action Service, "Human Rights in the Age of Artificial Intelligence: Shaping Our Digital Future," EEAS: The Diplomatic Service of the European Union, January 19, 2021, https://www.eeas.europa.eu/eeas/human-rights-age-artificial-intelligence-shaping-our-digital-future_en.

❼ The White House, "Blueprint for an AI Bill of Rights: Making Automated Systems Work for the American People," White House Office of Science and Technology, accessed November 1, 2013, https://www.whitehouse.gov/ostp/ai-bill-of-rights.

❽ Jan A. Van Mieghem et al., "Predicting Human Discretion to Adjust Algorithmic Prescription: A Large-Scale Field Experiment in Warehouse Operations," *Management Science* 68, no. 2 (2022): 846–865.

❾ Ellyn Shook and David Rodriguez, "Care to Do Better: Building Trust to Leave Your People and Your Business Net Better Off," Accenture, September 23, 2020, https://www.accenture.com/us-en/insights/future-workforce/employee-potential-talent-management-strategy.

❿ B. Schwartz and J. E. Dodson, "Human Readiness Levels Promote Effective System Integration," *Ergonomics in Design* 29, no. 4 (2021): 11–15, https://journals.sagepub.com/doi/abs/10.1177/10648046211021250.

第八章

❶ J. Manyika and K. Sneader, "AI, Automation, and the Future of Work: Ten Things to Solve For," executive briefing, McKinsey Global Institute, June 1, 2018, https://www.mckinsey.com/featured-insights/future-of-work/ai-automation-and-the-future-of-work-ten-things-to-solve-for.

❷ James Wilson and Paul R. Daugherty, *Human + Machine: Reimagining Work in the Age of AI* (Boston: Harvard Business Review Press, 2018).

❸ World Economic Forum, *Future of Jobs Report* (Geneva, Switzerland: World Economic Forum, 2023), https://www3.weforum.org/docs/WEF_Future_of_Jobs_2023.pdf; McKinsey Global Institute, *Jobs Gained, Jobs Lost: Workforce Transitions in a Time of Automation* (McKinsey & Company, 2017), https://www.mckinsey.com/~/media/BAB489A30B724BECB5DEDC41E9BB9FAC.ashx.

❹ D. H. Autor, L. F. Katz, and M. S. Kearney, "The Polarization of the US Labor Market," *American Economic Review* 96, no. 2 (2006): 189–194; M. Goos, A. Manning, A. Salomons, "Globalization and Labour Market Outcomes," discussion paper 1026, Centre for Economic Performance, London, November 2010, https://www.ilo.org/employment/areas/trade-and-employment /WCMS_158395/lang--en/index.htm; L. Nurski and M. Hoffmann, "The Impact of Artificial Intelligence on the Nature and Quality of Jobs," working paper 14/2022, Bruegel, Brussels, July 26, 2022, https://www.bruegel.org/working-paper/impact-artificial-intelligence-nature-and-quality-jobs.

❺ Pete Muntean and Greg Wallace, "FAA Rejects Republic Airways' Proposal to Reduce the Hours It Takes to Become a Co-pilot," CNN, September 19, 2022, www.cnn.com/travel/article/faa-republic-airways-pilot-hours/index.html.

❻ Chesley B. "Sully" Sullenberger III, "'Just Good Enough' Isn't for Pilots," *Seattle Times*, March 7, 2023, www.seattletimes.com/opinion/just-good-enough-isnt-for-pilots.

❼ Charles Duhigg, "What Google Learned from Its Quest to Build the Perfect Team," *New York Times*, February 25, 2016, https://www.nytimes.com/2016/02/28/magazine/what-google-learned-from-its-quest-to-build-the-perfect-team.html.

❽ K. Wiggers, "MIT Students Use AI to Cook Up Pizza Recipes," VentureBeat, September 10, 2018, https://venturebeat.com/2018/09/10/mit-students-use-ai-to-cook-up-pizza-recipes/.

❾ R. Flintham and A. McLeod, "The History of the Marmite You Either Love It or Hate It Slogan," *Creative Review*, February 1, 2012, https://www.creativereview. co.uk/you-either-love-it-or-hate-it/.

第九章

❶ J. O'Mahony and D. Rumbens, *Soft Skills for Business Success: Building Australia's Future Workforce* (Sydney: Deloitte Australia, May 2017), https://www2. deloitte.com/au/en/pages/economics/articles/soft-skills-business-success.html.

❷ Mark Marone, "Building Your Employees' Confidence to Adapt in an Era of Digital Transformation and AI," Dale Carnegie & Associates, January 21, 2021, https:// www.dalecarnegie.com/blog/soft-skills-essentials-for-success-in-ai/.

❸ D. A. Garvin, "How Google Sold Its Engineers on Management," *Harvard Business Review*, December 2013, 74–82.

❹ M. H. Huang, R. Rust, and V. Maksimovic, "The Feeling Economy: Managing in the Next Generation of Artificial Intelligence (AI)," *California Management Review* 61, no. 4 (2019): 43–65.

❺ Trinity College Dublin, "Why Do We Forget? New Theory Proposes 'Forgetting' Is Actually a Form of Learning," *ScienceDaily*, January 13, 2022, https://www.sciencedaily.com/releases/2022/01/220113111421.htm; T. J. Ryan and P. W. Frankland, "Forgetting as a Form of Adaptive Engram Cell Plasticity," *Nature Reviews Neuroscience* 23, no. 3 (2022): 173–186.

❻ Dan Shapero, quoted in Douglas A. Ready, "In Praise of the Incurably Curious Leader," *MIT Sloan Management Review*, July 18, 2019, https://sloanreview.mit. edu/article/in-praise-of-the-incurably-curious-leader/.

❼ O'Mahony and Rumbens, *Soft Skills for Business Success*.

❽ J. Balcar, "Is It Better to Invest in Hard or Soft Skills?," *Economic and Labour Relations Review* 27, no. 4 (2016): 453–470.

❾ K. Davidson, "Employers Find 'Soft Skills' Like Critical Thinking in Short Supply," *Wall Street Journal*, August 30, 2016, https://www.wsj.com/articles/employers-find-soft-skills-like-critical-thinking-in-short-supply-1472549400.

❿ P. Fuda and R. Badham, "Fire, Snowball, Mask, Movie: How Leaders Spark and Sustain Change," *Harvard Business Review*, November 2011, https://hbr.org/2011/11/fire-snowball-mask-movie-how-leaders-spark-and-sustain-change.

結論

❶ K. Roose, "How ChatGPT Kicked Off an AI Arms Race," *New York Times*, February 3, 2023, https://www.nytimes.com/2023/02/03/technology/chatgpt-openai-artificial-intelligence.html.

❷ Yann LeCun (@ylecun), "To be clear: I'm not criticizing OpenAI's work nor their claims. I'm trying to correct a *perception* by the public & the media who see chatGPT as ...," X (formerly Twitter), January 24, 2023, https://twitter.com/ylecun/status/1617921903934726144.

❸ E. Mollick, "ChatGPT Is a Tipping Point for AI," hbr.org, December 14, 2022, https://hbr.org/2022/12/chatgpt-is-a-tipping-point-for-ai.

致謝詞

　　撰寫這本書，象徵著一次令人難以置信的探索、內省、建立關係的旅程，而最重要的是，享受其中的樂趣。就像人生中任何重大的成就一樣，如果沒有許多人的支持，這項努力是不可能實現的。我非常感謝哈佛商業評論出版社（Harvard Business Review Press）的編輯史考特・貝里納托（Scott Berinato）。他熱情地接受我編寫一本書的想法，該書探討企業領導人在廣泛採用 AI 的時代必須採取的行動。史考特巧妙地引導我的寫作，在關注細節的同時，又不忽略整體願景。此外，還要特別感謝該出版社的安・史達爾（Anne Starr）和夏安・帕特森（Cheyenne Paterson），感謝他們在完善編輯過程中提供的協助。

　　想法從來都不是單獨出現，而是透過協作努力演變而來。以我為例，我在新加坡成立的人類人工智慧技術中心（Centre on AI Technology for Humankind，簡稱 AiTH）的協力合作，在這本書的形成過程中扮演舉足輕重的角色。我衷心感謝傑克・麥奎爾（Jack McGuire）、沙恩‧史懷哲（Shane Schweitzer）、馬哈克‧那格帕爾（Mahak Nagpal）和安德烈亞斯‧德佩勒（Andreas Deppeler）的貢獻。特別要感謝杜‧胡安（Du Juan），也就是瑞秋（Rachel）慷慨的財務支持。這對於 AiTH 的成立並推動相關研究，以創造一個 AI 服務人類的世界非常重要。在將我們的想法轉化為這本書的過程中，我最緊密的合作夥伴兼 AiTH 成員戴維許‧納拉亞南（Devesh Narayanan）扮演關鍵的角色。他的支持和對 AI 不斷演進前景的深刻見解，大大提升這本書的品質。我也要感謝所有高階主管，他們慷慨撥冗，討論採用 AI 如何為他們的組織帶來挑戰。

　　如果沒有至親家人的支持，我的學術旅程和對思維領導力（thought leadership）的貢獻將無法實現。感謝我的父母，艾蜜莉（Emily）和華特（Walter），謝謝他們對我的教導和陪伴。特別感謝我的妹妹布蘭達（Brenda），她一直是我們所有人的守護天使。最後，要感謝我的家人，潔絲（Jess）和漢娜（Hannah），感謝你們堅定不移的愛，讓這個家成為我工作時安穩的堡壘。

作者簡介

　　大衛‧德克雷默（David De Cremer）現任美國東北大學達摩麥金商學院（D'Amore-McKim School of Business at Northeastern University）鄧頓家族（Dunton Family）院長，兼任管理學與技術教授。他是東北大學體驗式人工智慧研究所（Institute for Experiential AI）的附屬研究員、耶魯大學法學院司法合作實驗室（Justice Collaboratory）的附屬成員，以及劍橋大學賈吉商學院（Cambridge Judge Business School）和聖埃德蒙學院（St. Edmund's College）的榮譽研究員。大衛是新加坡人類人工智慧技術中心（Centre on AI Technology for Humankind）的創辦人，也是安永會計師事務所（EY）全球人工智慧計畫顧問委員會的成員。在加入東北大學之前，他曾擔任新加坡國立大學商學院教務長兼管理與組織學教授，以及劍橋大學賈吉商學院的畢馬威管理學教授。

　　大衛是他那一代當中最多產的行為科學家之一，曾獲得多項國際科學職涯早期和中期的獎項。他曾獲全球著名研究機構 Global Gurus 評為全球 30 位頂尖管理大師和演講者之一。在「2021 年全球 50 大管理思想家」（Thinkers50）中，他列名為 30 位新一代商業思想家之一，並獲得提名角逐數位思維傑出獎（Thinkers50 為兩年一度的評選活動，被英國《金融時報》譽為「管理思維界的奧斯卡獎」）。他亦連續躋身全球前 2％的科學家行列。2009 年，他被評為荷蘭最佳行為經濟學研究員；2023 年，他獲評為新加坡最佳心理學研究員。大衛出版過多部著作，其中，《演算法領導力：人工智慧時代的領導者與追隨者》（*Leadership by Algorithm, Who Leads and Who Follows in the AI Era?*）的 Kindle 版，榮登亞馬遜網站暢銷榜第一，獲《金融時報》評為 2020 年 4 月與 6 月最值得閱讀的書籍之一，並獲華頓商學院認定為 2020 年夏季最值得閱讀的 15 本領導力書籍之一。

　　大衛的研究成果曾獲國際媒體廣泛討論，包括：《科學美國人》、《彭博新聞》、《經濟學人》、《富比士》、《金融時報》、《哈佛商業評論》、《華爾街日報》、《南華早報》、《海峽時報》、《商業時報》等。他曾與眾多機構合作，包含諾華集團、巴克萊、安海斯－布希英博集團、匯豐銀行、新加坡銀行、蘋果、比利時佛拉蒙區政府、沃達豐集團、索爾維集團、雀巢集團、比利時航運集團 Exmar、花旗集團、IBM、渣打銀行、怡和集團、荷蘭合作銀行、ING 集團、拜耳集團、思科、荷蘭帝斯曼集團，以及阿斯特捷利康公司。

　　大衛的官網是 www.daviddecremer.com。

國家圖書館出版品預行編目資料

AI領御：掌握9大領導心法／大衛‧德克雷默（David De Cremer）著；陳雅莉譯. -- 初版. -- 新北市：財團法人中國生產力中心, 2025.1
　　面；　公分. --（經營管理系列）
　　譯自：The AI-savvy leader : nine ways to take back control and make AI work.
　　ISBN 978-626-98547-3-8（平裝）
1. 企業領導　2.企業經營　3.企業管理　4.人工智慧
494.1　　　　　　　　　　　　　　　　　113019933

經營管理系列

AI領御：掌握9大領導心法

THE AI-SAVVY LEADER: Nine Ways to Take Back Control and Make AI Work

作　　者：大衛‧德克雷默（David De Cremer）
譯　　者：陳雅莉
發 行 人：張寶誠
出版顧問：王思懿、王健任、王景弘、田曉華、何潤堂、吳健彰、呂銘進、李沐恩、林宏謀、林家好、邱宏祥、邱婕欣、翁睿廷、高明輝、許富華、郭美慧、陳詩龍、陳泓賓、曾皇儒、曾英富、游松治、黃怡嘉、黃建邦、楊超惟（依姓氏筆劃排序）
審　　閱：陳美芬、陳鵬旭、黃麗秋、潘俐婷
編務統籌：郭燕鳳
協力編輯：許光璇
封面設計：劉翰誠
內頁排版：林婕瀅
讀者服務：彭麗安
出 版 者：財團法人中國生產力中心
電　　話：(02)26985897／傳　　真：(02)26989330
地　　址：221432新北市汐止區新台五路一段79號2F
網　　址：http://www.cpc.tw
郵政劃撥：0012734-1
總 經 銷：聯合發行股份有限公司(02)2917-8022
初　　版：2025年1月
登 記 證：局版台業字3615號
定　　價：480元
I S B N：978-626-98547-3-8
客戶建議專線／0800-022-088
客戶建議信箱／customer@cpc.tw

CPC Creates Knowledge and Value for you.

知識管理領航・價值創新推手

CPC Creates Knowledge and Value for you.

知識管理領航·價值創新推手